污染场地风险管控技术
及国外典型案例分析

侯德义 沈征涛 等 著 >>>>>

WURAN CHANGDI FENGXIAN
GUANKONG JISHU
JI GUOWAI DIANXING ANLI FENXI

U0244026

化学工业出版社

·北京·

内 容 简 介

本书以污染场地风险管控技术为主线,重点介绍了四类主流风险管控技术的特点及其在国外典型案例中的应用分析,包括固化/稳定化技术、可渗透反应墙技术、覆盖和阻隔技术、监测自然衰减技术,旨在阐述污染场地风险管控技术内涵,剖析此类技术在国外典型污染场地应用特点和经验,推动风险管控技术在我国污染场地治理中的应用和发展。

本书具有较强的技术应用性和针对性,可供从事场地和土壤治理相关工作的工程技术人员、科研人员和管理人员参考,也可供高等学校环境科学与工程、土壤学及相关专业师生参阅。

图书在版编目(CIP)数据

污染场地风险管控技术及国外典型案例分析/侯德义

等著 . —北京: 化学工业出版社,2021. 12 (2023.8重印)

ISBN 978-7-122-38632-8

Ⅰ.①污… Ⅱ.①侯… Ⅲ.①场地-环境污染-风险

管理-案例 Ⅳ.①X5

中国版本图书馆 CIP 数据核字(2021)第 038466 号

责任编辑: 刘 婧 刘兰妹 刘兴春   装帧设计: 史利平
责任校对: 刘曦阳

出版发行: 化学工业出版社(北京市东城区青年湖南街 13 号 邮政编码 100011)
印   装: 北京科印技术咨询服务有限公司数码印刷分部
787mm×1092mm 1/16 印张 12¼ 字数 209 千字 2023 年 8 月北京第 1 版第 5 次印刷

购书咨询: 010-64518888   售后服务: 010-64518899
网   址: http: //www. cip. com. cn
凡购买本书,如有缺损质量问题,本社销售中心负责调换。

定   价: 86. 00 元   版权所有 违者必究

前言

　　20 世纪 70 年代起，欧美国家就开始对污染场地进行治理。起初，场地治理主要追求污染物的彻底清除，因此，开挖-填埋、土壤淋洗、地下水抽出处理、热脱附、化学氧化等修复技术被广泛应用。但是，随着工程项目的累积，修复技术在实际应用中成本高、二次污染严重、环境扰动大等问题日益突出。而且，在实际操作过程中，由于污染物的反向扩散、土壤介质的非均一性、新污染物的输入等问题，这些针对"彻底清除"的修复技术很多时候并不能真正实现污染源的彻底消减，场地修复后经常出现污染物的反弹现象。在这样的大背景下，风险管控技术被用来配合或完全替代彻底清除技术，以期获得更低的场地治理成本、更少的二次污染或者更可持续的场地治理与重建，于20 世纪 90 年代起在欧美国家的污染场地治理中逐步得到应用并且快速发展。风险管控技术并不直接清理污染源，而是通过切断传播途径，并配合健全的长期监测，在大多数时候还要结合有效的制度控制，实现污染场地风险的有效控制以及/或者场地的重建。2015～2017 年美国超级基金场地中使用风险管控技术的场地占比达 67%。

　　我国土壤污染形势严峻。2014 年发布的《全国土壤污染状况调查公报》显示"全国土壤总的点位超标率为 16.1%"。2016 年，《土壤污染防治行动计划》（"土十条"）发布，要求"到 2020 年，全国土壤污染加重趋势得到初步遏制，土壤环境质量总体保持稳定，农用地和建设用地土壤环境安全得到基本保障，土壤环境风险得到基本管控。到 2030 年，全国土壤环境质量稳中向好，农用地和建设用地土壤环境安全得到有效保障，土壤环境风险得到全面管控。到本世纪中叶，土壤环境质量全面改善，生态系统实现良性循环"。我国系统性的污染场地治理起步较晚，2016 年以后才迎来爆发性的增长。因此在污染场地治理，特别是风险管控治理方面的经验不足。纵观欧美国家 40 多年污染场地治理的经验，可以发现，在强调经济性、可持续性的前提下，对土壤风险管控技术的逐渐重视甚至成为主流，也是污染场地治理发展的必然趋势。因此，学习、借鉴、吸收、改进欧美国家在污染场地风险管控技术方面积累的系统工程经验，对我国污染场地治理至关重要。

　　本书旨在通过重点介绍四类主流风险管控技术及其在欧美国家典型污染场地治理

案例中的应用，阐述污染场地风险管控技术内涵，剖析此类技术在国外典型污染场地应用特点和经验，推动风险管控技术在我国污染场地治理中的应用和发展。本书包括 7 个章：第 1 章为概述，主要介绍我国场地污染和控制现状以及风险管控技术实施的必要性；第 2 章介绍固化/稳定化风险管控技术及其国外典型案例分析；第 3 章介绍可渗透反应墙风险管控技术及其国外典型案例分析；第 4 章介绍覆盖和阻隔技术及其国外典型案例分析；第 5 章介绍监测自然衰减技术及其国外典型案例分析；第 6 章介绍多风险管控技术联合使用及其国外典型案例分析；第 7 章进行总结，指出风险管控技术存在的问题与局限性并且进行发展前景的展望。 本书具有较强的技术应用性和针对性，可供从事场地和土壤治理相关工作的工程技术人员、科研人员和管理人员参考，也可供高等学校环境科学与工程、土壤学及相关专业师生参阅。

本书作者为侯德义、沈征涛、David O'Connor、赵彬、程敏。侯德义负责统筹，沈征涛参与整体框架的制定，侯德义、沈征涛主持撰写与修改，David O'Connor 参与案例收集与分析，赵彬、程敏参与部分章节的撰写。同时特别感谢朱瑾、张卓蓉在图书内容和文字修改过程中给予的帮助。

限于著者水平及编写时间，书中难免存在不足和疏漏之处，敬请读者批评指正。

著者
2021 年 9 月

目录

第 *1* 章　概述

1.1 ▶ 我国场地污染与控制

1.2 ▶ 风险管控技术及必要性

1.1 我国场地污染与控制

我国土壤污染形势严峻[1-5]。相比于美国、英国等发达国家场地治理行业经历了近 40 年的发展，我国污染场地治理行业起步较晚[4,6-9]。2014 年发布的《全国土壤污染状况调查公报》显示"全国土壤总的点位超标率为 16.1%"[5]。2014 年以前，我国场地治理行业处于孕育期，国家出台了《关于加强土壤防治工作的意见》（环发［2008］48 号），要求加强对土壤污染的防治工作，并推进重点地区污染场地治理，然而当时并没有强制性法规和标准对行业进行约束，市场尚处于混乱阶段[10-15]。

2014 年，环境保护部发布了工业企业场地环境调查评估与治理系列行业标准（HJ 25.1～HJ 25.4）[16-19]，旨在规范有序地推动地方开展污染场地调查评估与治理，统筹解决污染场地全过程环境管理中产生的具体操作问题。2016 年，《土壤污染防治行动计划》（"土十条"）发布[20]，要求"到 2020 年，受污染耕地安全利用率达到 90% 左右，污染地块安全利用率达到 90% 以上；到 2030 年，受污染耕地安全利用率达到 95% 以上，污染地块安全利用率达到 95% 以上"，并全面推进了土壤污染详查、土壤污染防治立法、建立健全法规标准体系等方面工作。"土十条"开启了"以立法促使监管趋严，带动强制性市场以及专项资金支持土地市场"的局面，业内人士估计，其将催生万亿元级场地治理市场[3]。2017 年，环境保护部发布《污染地块土壤环境管理办法（试行）》（"42 号令"）[21]，规定了地块调查、修复和风险管控的有关程序和要求，为场地治理市场规范化提供了重要依据。2019 年开始实施的《土壤污染防治法》将"保护优先、污染者担责、风险管控、水土共治"的理念写入立法，使得场地治理行业有法可依，健全了行业的顶层设计。总的来说，目前我国污染场地治理市场处于由地产开发和政策驱动的高速成长期（图 1-1），法规和技术标准方面还处于不断完善阶段。

陈进斌等（2019）依据我国待治理工业场地、矿山场地和污染耕地的面积和治理成本，估算我国土壤治理潜在市场超 5 万亿元[3]。无论是落实我国污染场地治理中长期目标还是满足庞大市场需求，性价比高、安全有效、绿色可持续的治理技术都是至关重要的。

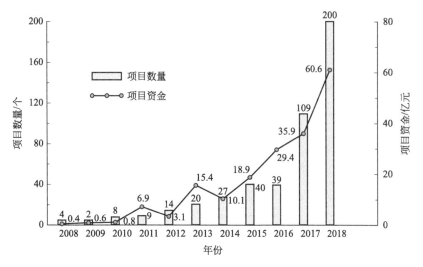

图 1-1　我国工业用地治理项目及资金增长[9]

1.2　风险管控技术及必要性

土壤污染有三要素：污染源、传播途径、受体（例如人）[4,22-24]（图1-2）。污染源只有经过传播途径暴露给受体才构成土壤污染过程，因此污染土壤治理既可以针对污染源进行彻底清理（修复），也可以通过阻断传播途径（管控）防止受体暴露来实现[25-28]。

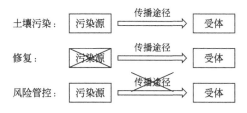

图 1-2　土壤污染过程和修复及管控措施

20 世纪 70 年代起，欧美国家就开始对污染场地进行治理[29]。起初，场地治理主要追求污染物的彻底清除，因此，开挖-填埋、土壤淋洗、地下水抽出处理、热脱附、化学氧化等修复技术被广泛应用[30-33]。但是，随着工程项目的累积，修复技术在实际应用中成本高、二次污染严重、环境扰动大等问题日益突出[34-37]。而且，在实际操作过程中，由于污染物的反向扩散、土壤介质的非均一性、新污染物的输入等问题，这些针对"彻底清除"的修复技术很多时候并不能真正实现污染源的彻底消减，修复后经常出现污染物反弹的现象[38]。

在这样的大背景下，风险管控技术被用来配合或完全替代彻底清除技术，以期获得更低的场地治理成本、更少的二次污染或者更可持续的场地治理与重建[39-41]，这种技术已于20世纪90年代起在欧美国家的污染场地治理中逐步得到应用并且快速发展[29]。风险管控技术包括固化/稳定化技术、可渗透反应墙技术、覆盖和阻隔技术、监测自然衰减技术等[30,42-46]。风险管控技术并不清理污染源，而是通过切断传播途径，并配合健全的长期监测，在大多数时候还要结合有效的制度控制，实现污染场地风险的有效控制以及/或者场地的重建。2015～2017年美国超级基金场地中（超级基金诞生于1980年，是美国进行管理和资助污染场地治理的主要手段）使用风险管控技术的场地占比达67%[30]。

我国系统性的污染场地治理起步较晚，2016年以后才迎来爆发性的增长[9]（图1-1）。固化/稳定化技术是我国目前应用最广的风险管控技术，2018年市场占比48.5%；阻隔技术次之，2018年市场占比11.1%[9]（图1-3）。虽然固化/稳定化和阻隔技术已有应用，但实际工程中应用效果不佳的案例屡有报道，如我国多个六价铬污染场地在稳定化控制后出现了污染反弹（返黄现象）[47]。因此欧美国家过去40多年

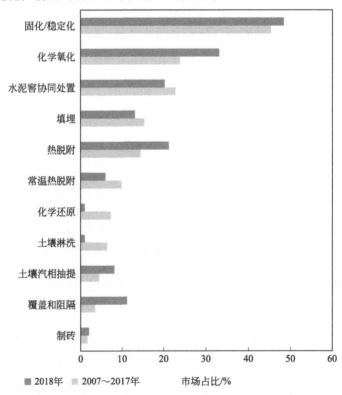

图1-3 我国场地治理技术使用情况[9]

在固化/稳定化和阻隔技术应用方面积累了许多系统的工程经验，对我国具有重要参考和借鉴意义，并有一定的吸收、改进价值。同时，可渗透反应墙和监测自然衰减技术在我国实际的工程应用中还不多见[48-50]，欧美国家在这一方面的工程经验也对我们有很大的实践参考价值。

　　我国场地污染面积较大、污染类型复杂[3,8,9]。在有效落实"生态文明建设"的大背景下，充分利用性价比高、安全有效、绿色可持续的治理技术对我国大规模的污染场地进行治理是当前土壤风险管控领域发展的重要需求。因此，风险管控技术在我国污染场地治理行动中具有巨大的应用价值。本书重点介绍固化/稳定化、可渗透反应墙、覆盖和阻隔、监测自然衰减四类风险管控技术及案例分析，同时也阐述了多风险管控技术联用及案例分析。这四类技术均为污染场地风险管控的主流技术，在我国场地治理中有较大的应用前景。本书共选取了欧美地区 10 个典型污染场地的风险管控案例进行分析，相关经验对我国风险管控技术的实施具有重要参考价值。

参 考 文 献

[1] 陈瑶．我国生态修复的现状及国外生态修复的启示．生态经济，2016，32（10）：183-188，192.

[2] 李丽，等．土壤污染现状与土壤修复产业进展及发展前景研究．环境科学与管理，2016，41（03）：45-48.

[3] 陈进斌，等．我国土壤修复现状与产业发展趋势．科技创新与应用，2019（02）：65-66.

[4] 王美娥，等．污染场地土壤生态风险评估研究进展．应用生态学报，2020：1-14.

[5] 全国土壤污染状况调查公报，2014.

[6] 王兴利，等．重金属污染土壤修复技术研究进展．化学与生物工程，2019，36（02）：1-7，11.

[7] 孙丽娟，等．镉污染农田土壤修复技术及安全利用方法研究进展．生态环境学报，2018，27（07）：1377-1386.

[8] 王艳伟，等．中国工业污染场地修复发展状况分析．环境工程，2017，35（10）：175-178.

[9] 李书鹏．土壤与地下水修复行业发展报告（2018）．第三届中国可持续环境修复大会，2018.

[10] 骆永明，滕应．我国土壤污染退化状况及防治对策．土壤，2006（05）：505-508.

[11] 杨苏才．土壤重金属污染现状与治理途径研究进展．安徽农业科学，2006（03）：549-552.

[12] 骆永明．污染土壤修复技术研究现状与趋势．化学进展，2009，21（Z1）：558-565.

[13] 张翠云，等．地下水污染自然衰减研究进展．南水北调与水利科技，2010，8（06）：50-52，62.

[14] 崔斌，等．土壤重金属污染现状与危害及修复技术研究进展．安徽农业科学，2012，40（01）：373-375，447.

[15] 宋伟．中国耕地土壤重金属污染概况．水土保持研究，2013，20（02）：293-298.

[16] HJ 25.2—2014.

[17] HJ 25.3—2014.

[18] HJ 25.1—2014.

[19] HJ 25.4—2014.

[20] 土壤污染防治行动计划，2016.

[21] 污染地块土壤环境管理办法（试行），2016.

[22] Wen C H, et al. Contamination source apportionment and health risk assessment of heavy metals in soil around municipal solid waste incinerator: a case study in North China. Science of The Total Environment, 2018, 631: 348-357.

[23] Gomes A R, et al. Review of the ecotoxicological effects of emerging contaminants to soil biota. Science and Health Part A, 2017, 52 (10): 992-1007.

[24] Cachada A, et al. Risk assessment of urban soils contamination: The particular case of polycyclic aromatic hydrocarbons. Science of The Total Environment, 2016, 551: 271-284.

[25] Vidal-Vázquez E, et al. Soil Contamination and Remediation for Scientists, 2018: 17219.

[26] Kuppusamy S, et al. Risk-based remediation of polluted sites: A critical perspective. Chemosphere,

2017, 186: 607-615.

[27] Ross I, et al. A review of emerging technologies for remediation of PFASs. Remediation Journal, 2018, 28 (2): 101-126.

[28] Song Y, et al. Nature based solutions for contaminated land remediation and brownfield redevelopment in cities: a review. Science of the Total Environment, 2019, 663: 568-579.

[29] Hou D, D O'Connor. Green and sustainable remediation: past, present, and future developments, in Sustainable Remediation of Contaminated Soil and Groundwater. Sustainable Remediation of Contaminated Soil and Groundwater, 2020: 19-42.

[30] Agency, U. S. E. P. Superfund Remedy Report 16th Edition, 2020.

[31] Wilk C M. Soil Mixing for Remediation of Contaminated Sites. IAEG/AEG Annual Meeting Proceedings, San Francisco, California, 2018 (2): 113-119.

[32] Vanloocke R, et al. Soil and groundwater contamination by oil spills: problems and remedies. International Journal of Environmental Studies, 1975, 8 (1-4): 99-111.

[33] Ahmad I, Hayat S, Pichtel J. Heavy metal contamination of soil: problems and remedies. Science Publishers, 2005.

[34] Shen Z, et al. Solidification/stabilization for soil remediation: an old technology with new vitality. Environmental Science and Technology, 2019.

[35] Hou D, Guthrie P, Rigby M. Assessing the trend in sustainable remediation: A questionnaire survey of remediation professionals in various countries. Journal of Environmental Management, 2016, 184: 18-26.

[36] Hou D Y. Divergence in stakeholder perception of sustainable remediation. Sustainability Science, 2016, 11 (2): 215-230.

[37] Hou D Y, D O'Connor. Green and sustainable remediation: concepts, principles, and pertaining research. Sustainable Remediation of Contaminated Soil and Groundwater: Materials, Processes, and Assessment, 2020: 1-17.

[38] D O'Connor, et al. Sustainable in situ remediation of recalcitrant organic pollutants in groundwater with controlled release materials: A review. J Control Release, 2018, 283: 200-213.

[39] Hou D Y, D O'Connor. Green and sustainable remediation: past, present, and future developments. Sustainable Remediation of Contaminated Soil and Groundwater: Materials, Processes, and Assessment, 2020: 19-42.

[40] Mukhopadhyay R, et al. Clay-polymer nanocomposites: Progress and challenges for use in sustainable water treatment. Journal of Hazardous Materials, 2020, 383.

[41] D O'Connor, Hou D Y. Targeting cleanups towards a more sustainable future. Environmental Science Processes & Impacts, 2018, 20 (2): 266-269.

[42] Wang L, et al. Green remediation of As and Pb contaminated soil using cement-free clay-based stabiliza-

tion/solidification. Environment international，2019，126：336-345.

[43] Phillips D H，et al. Ten year performance evaluation of a field-scale zero-valent iron permeable reactive barrier installed to remediate trichloroethene contaminated groundwater. Environ Sci Technol，2010，44（10）：3861-3869.

[44] Naidu R，Birke V. Permeable reactive barrier：sustainable groundwater remediation. CRC Press，2018.

[45] De Jong E，et al. Mixed-In-Place Cut-Off Walls Create Artificial Polders In The Netherlands. Deep Foundations Institute，2015.

[46] Declercq I，Cappuyns V，et al. Monitored natural attenuation（MNA）of contaminated soils：state of the art in Europe—a critical evaluation. Science of the Total Environment，2012，426：393-405.

[47] 单晖峰，张琢. 水合硫酸亚铁修复六价铬污染土壤、地下水-你所不知的"月之暗面". CSER 土壤修复平台，2015.

[48] 张晓慧，等. 可渗透反应墙原位修复污染地下水研究进展. 工业用水与废水，2015，46（03）：1-5.

[49] 罗育池，李传生. PRB 技术及其在地下水污染修复中的应用. 安徽农业科学，2007（27）：8656-8657，8660.

[50] 陈升勇，等. 可渗透反应墙在土壤和地下水修复中的应用. 资源节约与环保，2015（03）：253-254.

第2章 固化/稳定化技术

2.1 固化/稳定化技术介绍

固化/稳定化技术（Solidification/Stabilization，S/S）的发展可以追溯到20世纪50年代，最早应用于危险固体废弃物的处置[1]。固化/稳定化技术包含"固化"和"稳定化"两个含义[2-4]。"固化"是指通过添加胶凝材料，对污染物实现物理包裹从而降低其可迁移性和环境风险，并提高体系的强度[5]。"稳定化"是指通过添加化学稳定材料，使污染物转化成可迁移性更低的化学形态，从而降低其环境风险，"稳定化"一般情况下对体系的物理性质影响不大[1,5,6]。固化/稳定化技术多应用于重金属类污染场地，但也可见部分应用于有机或复合污染场地[5,7-11]。

固化/稳定化技术于20世纪80年代应用于美国的污染场地治理工程中，20世纪90年代开始逐渐应用于欧洲的场地治理工程[12-18]。随后，固化/稳定化技术在场地治理中的应用经历了一段高速发展期[18-23]。据美国环保署场地修复报告（第十六版）报道，1982～2017年间，固化/稳定化技术在美国超级基金场地治理工程中的平均应用比例达18.2％，在所有控制和修复技术中排第一位[24]。我国场地治理虽然起步较晚，但由于我国重金属污染的突出性（占所有超标点位82.8％)[25-30]，固化/稳定化技术在我国得到了前所未有的普遍应用。据统计，2018年我国所有场地治理项目中，固化/稳定化技术应用占比达48.5％，遥遥领先于其他控制和修复技术[31]（图1-3）。

固化/稳定化技术整体上的应用优势包括以下几个方面。

（1）性价比高

处理每立方米土壤的成本约为50～80美元，是化学淋洗技术的1/5。

（2）施工快速灵活

可根据场地大小、污染物类型灵活调整方案和设备，施工周期较短。

（3）二次污染少

原位固化/稳定化技术对土体扰动少，产生有毒副产物等二次污染物的可能性更小[2,6,32-34]。但是，由于并未彻底清除土壤中的污染物，长期有效性一直是固化/稳定化技术需要面对的质疑和挑战[1,6,35-40]。

传统的固化/稳定化技术使用波特兰水泥为主要的固化材料[1,42-46]，水泥通过其水化产物能对污染物进行包裹，并提高土体强度，达到"固化"的效果[41,45,46]。由于其水化产物具有较高的比表面积和活性，往往还能实现对污染物的化学"稳定化"[47,48]。但波特兰水泥的生产是一个高能耗、高碳排放的过程，其生产过程产生的 CO_2 占每年全球人为 CO_2 排放的 10%[1,49]。因此，全球范围内都在致力于寻找更绿色可持续的波特兰水泥替代品。目前，工业废弃物（矿渣、粉煤灰等）是应用最广泛的波特兰水泥替代品[50-55]。但在应用时需要使用水泥、氧化镁等碱性材料进行"碱激发"才能使之有效水化，进而发挥更好的固化/稳定化效果[56-58]。

　　另外，随着"绿色可持续修复"理念的普及，在不需要提高土体强度时，单独的化学"稳定化"技术越来越受重视（图 2-1）。因为舍弃"固化"意味着降低大量的材料消耗，更低碳也更节约成本[59,60]。当前，热门的"稳定化"材料包括生物炭系材料、生物成矿材料、天然矿物及黏土类材料、磷酸盐材料等[3,61-63]，固化/稳定化在污染土壤治理技术中发展历程如图 2-2 所示。特别是随着我国大规模污染土壤治理的启动，基于氧化镁、矿渣、生物炭等绿色材料的稳定化技术研究自2015 年后得到了飞速的发展（图 2-1）。

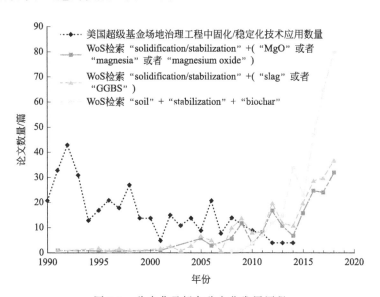

图 2-1　稳定化及绿色稳定化发展历程

注：WoS 为 Web of Science 网站；Solidification/Stabilization 为固化/稳定化技术；

magnesia 为方镁石；magnesium oxide 为氧化镁；slag 为矿渣，GGBS 为高炉矿渣粉；

soil 为土壤；biochar 为生物炭。

　　本章重点介绍美国得克萨斯州斯坦利军火库场地稳定化管控案例[64-67]。该场地以铅污染为主要特征，因此选用了有针对性的磷酸盐材料进行稳定化修复。我国所有超标点位中,重金属超标点位占比达 81.8%,因此,该案例对我国重金属污染场地风险管控具有重要参考价值。

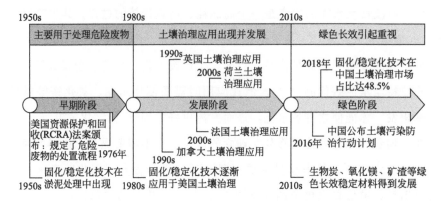

图 2-2 固化/稳定化在污染土壤治理技术中发展历程 (S 代表年代)

2.2 美国得克萨斯州斯坦利军火库场地稳定化管控案例分析

2.2.1 案例背景介绍

斯坦利军火库 (Camp Stanley Storage Activity, CSSA),位于得克萨斯州中南部的贝克萨尔 (Bexar),处于贝克萨县 (Bexar County) 境内。该区域属于亚热带气候,夏季超过 80% 时间温度高于 32.22℃ (90°F),冬季较为温和,平均每年仅有约 20 天气温低于零下,降雨全年分布均匀,年平均降雨量约为 660.4mm。CSSA 的特点是丘陵和山谷地势起伏不定,整个 CSSA 的地形起伏范围比平均海平面高出 1100~1500ft (1ft=0.3048m)。其中几乎平坦的石灰岩地层已被东部和东南部流向的地表水流侵蚀。CAAS 内的设施处于 Ralph Fair 公路东部,距离 10 号州际公路以东约 0.5mile (1mile=1.61km),占地面积约为 4004acre (1acre=4046.86m²)。

CSSA 的用途是军械的接收、存储、发放和维护,以及军用武器和弹药的质量保证性的测试和保养。由于其功能特殊性,CSSA 被指定为限制进入的区域。直到 20 世纪 90 年代初,CSSA 所在的土地一直用于畜牧业。1906~1907 年间,美国政府购买了其中 6 块土地,并将其规划和设计为利昂斯普林斯军事保留地 (Leon

Springs Military Reservation），这些区域才被用作军事营地。1917 年 10 月，该场地被重新规划成斯坦利营。第一次世界大战推动了大规模临时军营和配套设施的建设。1931 年，该场地被选为弹药库。1938 年后，该场地还曾用于武器测试、射击、弹药的拆解和检修，这些历史性的活动导致 CSSA 内部出现大量的废料场。CSSA 于 1947 年移交给了红河陆军军械库（Red River Army Depot，RRAD）管辖。

SWMU B-20 是一个场地，1946～1987 年之间曾被用于处理和处置淘汰军械。在此期间，军火废物及其他军事废料在此被引爆、掩埋和处理，该场地内的首要污染物为铅（Pb），主要来源于 SWMU B-20 场地内的露天军火燃烧和爆炸，其他金属（Ba、Cd、Cu、Zn）也在一定程度上超过当地土壤环境质量背景值。

铅污染场地在美国很普遍，尤其是在国防部场地有 3000 多个小型武器射击场（SAFR），另外还有私人 SAFR 和警务 SAFR 等 9000 个场地都存在铅污染。美国估计有铅污染土壤 1 亿立方码 [1 立方码（yd³）＝0.765m³]，远远超过了填埋场的容量。这些土壤构成了国防部面临的最昂贵的环境修复资金，即使存在足够的垃圾填埋场，用现有的技术处理这些土壤也要花费超过 100 亿美元。此外，许多军事场地的降雨和灌溉产生的大量铅污染的渗滤液会流入湖泊或雨水排放系统，或污染浅层含水层。磷酸盐诱导金属稳定化（PIMS™）技术是一种原位稳定化或螯合技术，它使用一种天然的矿物材料 Apatite II™，将其掺入受污染的土壤中以固定铅而无需改变土壤的基本性质，如渗透性、孔隙率或密度。这项技术使土壤在将来可以原位利用，或根据需要作为无害材料进行处理。Apatite II™是一种天然磷酸盐材料，仅需要简单地混合到土壤中，它就能将金属结合到不可浸出的稳定磷酸盐相中。与其他技术相比的优势在于：带有 Apatite II™的 PIMS™价格便宜、施工快速、效果持久，并且本身不会产生任何危害或环境问题。

该示范案例处理斯坦利军火库（CSSA）的固体废物管理单元 SWMU B-20 处的 3000yd³ 的 Pb 污染土壤，方法是将土壤与 3％的 Apatite II™混合，然后将经过改良的土壤平铺，用未污染的表层土壤覆盖用于改良土壤，并播种草和野花。在处理区下方放置了浅层溶渗仪监测井。

该示范的初始目标是：

① 为 PIMS™原位稳定化铅污染的土壤确定合适的管控方法；

② 确定实际的现场实施成本；

③ 在 CSSA 对所有 Pb 污染的土壤进行稳定化处理，以使土壤能够以符合审批法规，或根据未来场地使用计划回填场地再利用。

该示范通过以下方式将技术转让给了最终用户——CSSA：

① 修复 CSSA SWMU B-20 处的 Pb 污染土壤；

② 确定监管接受程度；

③ 提供可接受的原位处置方法以替代异位方法；

④ 如果仍有一部分土壤需要异位填埋，则通过稳定化后将必须异位处理的土壤降到最低，以减少异位处置的成本。

2.2.2　场地情况

SWMU B-20 场地占地面积约 33.5acre，周围被 CSSA 东北部分的林木区所包围。场地坐落于美国得克萨斯州圣安托尼奥市北部，距圣安托尼奥市西北约 30.58km。

该场地的地质本质上是高角度常断层白垩纪沉积物，由石灰岩、马里石灰岩、蓝色页岩和格伦罗斯地层（Glen Rose）少量的石膏层、交替层等组成。由于存在断层，在该场地下方的沉积物中已形成了许多裂缝。在 CSSA 区域中存在三个含水层：上、中和下三位一体含水层（三一含水层），该三一含水层（Trinity Aquifer）位于格伦罗斯地层的上部，由下格伦罗斯（Lower Glen Rose，LGR）石灰石、贝克萨尔页岩（Bexar Shale，BS）和牛溪（Cow Creek，CC）石灰石构成，三位一体含水层为 CSSA 和附近的土地所有者社区提供饮用水。而三一含水层的补给来自地表直接降水和溪流浸入。三一含水层上部地下水的运动仅限于泥灰岩和石灰石之间顺层平面的侧向流动，而溶蚀增强了石灰岩的渗透性。该含水层中的地下水较少，且大多数钻井的水量都较少。地下水含量取决于降水和次生孔隙度特征，表明该含水层中的床层可能不是通过垂直渗透通道的途径连接的。CSSA 的地下水平均深度大约在地表以下 200~250ft，但深度会随降水情况、干旱和地形位置而发生显著变化。地下水流向东南部和南部，局部流向变化取决于断层，裂缝和抽水井。

CSSA 的地貌特征是丘陵和山谷，地势起伏不定，平坦的石灰岩地层被流向东部和东南部的水流侵蚀。在组装的中心区域和南部边界附近存在断层，断层为东北-西南走向，但其中多数不如裂缝一样连续。土壤覆盖层相对较薄，除溪谷以外通常可看到大多数地区基岩裸露。整个地区的地形起伏较大，海拔范围约为1100~1500ft。由于石灰岩的断裂和破裂，地下水的流动高度是可变的。

场地现场调查开始时发现，惰性金属碎片和未爆炸武器散布在整个场地，1997

年废物和未爆弹药清除过程中，约超过 10 万磅（1 磅≈0.453kg）重的金属碎片被清除，并通过颗粒分离方式进行回收，将这些经过筛分的土壤分成六堆，每堆体积约 500yd³，使用磷酸盐材料 Apatite Ⅱ™进行稳定化风险管控处理。为了表征筛分的土壤的类型，从筛分的土壤材料中共收集 18 个样品，用于挥发性有机化合物（VOCs）、半挥发性有机化合物（SVOCs）、炸药和金属浓度分析。样品分析结果表明：土壤中存在 VOCs 和金属物质，但并未检测到 SVOCs 和爆炸物。在分析过VOCs 的过筛土壤样品中，二氯甲烷、甲苯、三氯乙烯（TCE）的浓度非常低，且所有 VOCs 结果均低于分析报告限值。但是，每个筛分的土壤样品中的一种或多种金属污染物浓度都超过了 CSSA 附近的背景值水平。如表 2-1 所列，较多样品的Ba、Cu、Pb 和 Zn 的浓度超过背景值。样品重金属检出的浓度最高分别为：Ba 为314mg/kg、Cu 为 1268mg/kg、Pb 为 40500mg/kg、Zn 为 479mg/kg。显然，Pb是最突出的土壤污染物。

表 2-1　筛分出土壤中金属浓度超过背景值水平

重金属	背景浓度/(mg/kg)	超标率	最低浓度/(mg/kg)	最高浓度/(mg/kg)	最高浓度样品编号
As	19.6	0/20(0%)	3.3	15.1	B20-SIFT15
Ba	186	15/20(75%)	117	314	RW-B20-SIFT21
Cd	3.0	1/20(5%)	0.52	131	B20-SIFT15
Cr	40.2	0/20(0%)	12.3	24.1	RW-B20-SIFT19
Cu	23.2	20/20(100%)	31.9	1268	RW-B20-SIFT22
Pb	84.5	19/20(95%)	65.3	40500	B20-SIFT14
Hg	0.77	0/20(0%)	0.024	0.69	RW-B20-SIFT21
Ni	35.5	0/20(0%)	7.17	14.6	RW-B20-SIFT19
Zn	73.2	19/20(95%)	42.2	479	RW-B20-SIFT19

根据毒性浸出测试（TCLP）结果对铅污染进行分类，美国《资源保护与恢复法案》（Resource Conservation and Recovery Act，RCRA）中规定的铅的 TCLP 危险标准为≥5mg/L，美国得克萨斯州将工业和市政危险废物中铅的鉴别标准分别设定为：

一类非危险水平 1.5～5mg/L Pb；

二类非危险水平≤1.5mg/L Pb。

该场地土壤样本中总铅浓度范围为 200～8000mg/kg，平均浓度值为 1942mg/

kg；TCLP 分析结果为 1.07～3.22mg/L，平均值为 2.1mg/L。

2.2.3　风险管控方案及目标

　　磷酸盐诱导的金属稳定化（PIMS™）技术非常适合重金属污染土壤风险管控，特别是受到 Pb、U、Mn、Cu、Zn 和 Cd 等元素污染的场地。基于 Apatite II™的 PIMS™技术适用于所有类型的土壤和水域，适应的污染物的浓度从 ×10^{-9}到百分比水平。这项技术受环境条件的影响较小，并且可以在 pH＝2～12 的大多数介质、所有水分含量以及高有机物浓度的环境条件下保持有效。PIMS™无毒、无危害，不会对现有生物种群产生不利影响，且对生态产生正面效益。PIMS™使用一种特殊的活性磷灰石矿物为修复剂，与可溶性重金属结合生成新的非水溶固相物质。Apatite II™的制取原料来自鱼罐头厂的废料，厂内生产的鱼骨及身上较硬部位的主要成分是羟基磷酸钙，残留的有机物含量在 25%～35%。PIMS II™将铅结合到不溶性的亚磷灰石中，生成的不溶性亚磷灰石可在所有环境条件下稳定数亿万年。磷氯铅矿物质 [$Pb_5(PO_4)_3Cl$] 的溶解度极低（$K_{sp}<10^{-80}$），在多数环境条件下都不会溶解。Apatite II™将稳定总铅含量的 20% 左右，对铀、钚和其他金属也表现出相似的效果。

　　图 2-3 显示的是 Apatite II™的 SEM 照片，从图中可以看出，该材料内部孔隙最大可达 1～10μm，最小可达 100nm。除此之外，还具有其他优势：例如，在酸性条件下可将 pH 缓冲至中性，并为许多其他有益的反应提供理想的化学环境；如硫酸盐和硝酸盐还原可降解三硝基甲苯（Trinitrotoluene，TNT）、皇家炸药（Royal Demolition Explosives，RDX）和高氯酸盐。

　　铅污染物稳定机理可分为磷灰石溶解和铅沉淀[67]，磷氯铅矿沉积在磷灰石上的 SEM 图像如图 2-4 所示。

　　(1) 磷灰石溶解

$$Ca_5(PO_4)_3OH+7H^+ \rightleftharpoons 5Ca^{2+}+3H_2(PO_4)^-+H_2O$$

　　(2) 铅沉淀

$$5Pb^{2+}+3H_2(PO_4)^-+H_2O \rightleftharpoons Pb_5(PO_4)_3OH+7H^+$$

　　风险管控方案的目标是确定适合原位处理 Pb 污染土壤的风险管控方法，使得土壤不会造成进一步环境危害或威胁居民健康，并确定符合实际的现场实施成本。最终的管控示范结果显示这两个目标均已实现。如表 2-2 所列，表中提供了各方面

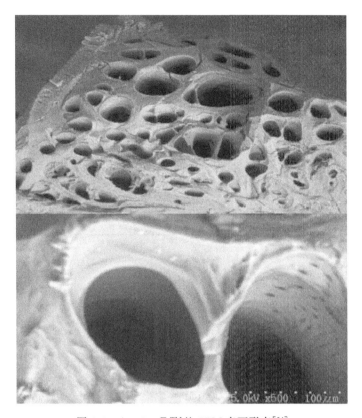

图 2-3　Apatite Ⅱ™ 的 SEM 表面形态[64]

图 2-4　磷氯铅矿沉积在磷灰石上的 SEM 图像[64]

绩效目标评估结果，均达到目标要求。以美国国家一级饮用水水质标准中的最大污染物浓度（Maximum Contaminant Level，MCL）为参考进行对比分析，管控后该地区适用于公用给水系统。TCLP 结果表明风险管控实施后 SWMU B-20 处土壤中铅浸出浓度低于铅的 MCL，即 0.015mg/L。

表 2-2　　场地污染管控目标

效果目标类型	基础效果标准	预期效果（度量标准）	是否达到效果目标
定性	减少重金属铅的迁移性	处理后场地土壤渗滤液中的铅浓度<15×10⁻⁹(EPA)	是
	更快的修复	场地施工少于两周	是
	简单易用	易与土壤混合	是
定量	符合管控标准值	处理后场地土壤渗滤液中的铅浓度<15×10⁻⁹(EPA)	是

2.2.4　风险管控实施

对于土壤混合操作，PIMS™技术无需设备安装，只需最简单的操作便可有效地将土壤与 Apatite Ⅱ™混合。除保障斜坡稳定性/土壤稳定性以外，没有其他关键的设计标准，只需保障在发生洪水时不会被冲走。现场风险管控 10 个月后的确曾发生了百年一遇的洪水事件，但结果显示并未对场地管控产生不利影响。稳定化过程要求有足够干燥的条件以满足混合操作，既不能在下雨时或雨后实施，也不能在结冰条件下实施。日处理量仅受混合处理能力的限制，仅需要少量人员即可。如在 3000yd³ 的试验土壤中，处理设备由前端装载装置和维护器组成，用于移动和混合物料。劳工包括一名建筑主管，两名重型设备操作员以及一名独立的观察员（健康与安全现场监督员）。实际的混合和现场操作花了 2 周时间。总而言之，这项技术操作简单、易实现。

图 2-5 展示了 PIMS 技术在 CSSA 场地上示范应用的技术流程图。首先污染的土壤被分为 6 堆，每个约 500yd³，这些土堆已过筛以清除 0.75in（1in＝0.0254m）以上未爆炸弹药碎片；2002 年 8 月示范期间，首先在示范现场进行地表植被去除，并用 Apatite Ⅱ™材料稳定约 3000yd³ 的污染土壤，在 SWMU B-20 场地现场，混合工作所使用的设备为非特殊定制设备（挖掘机及其附件），该设备以每天约 500yd³ 的处理速度有效地将约 3％比例的 Apatite Ⅱ™材料添加到 Pb 污染土壤中，然后前端装载机将风险管控后的土壤散布到整个施工现场地面，等待进一步的平整处理。尽管该示范是分批次完成的，但大量管控该类型污染土壤则可以使

用连续的混合方式,主要实现设备是搅拌机和连续混合装置。处理过的土壤上方覆盖约 6in 厚的无污染土壤,并种植野花和草类植物。在现场周围的 3 个位置分别安装浅层渗水监测井,用来收集渗滤液,进行散布后的监测。

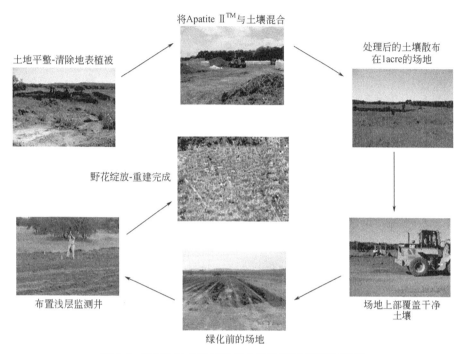

将Apatite II™与土壤混合

土地平整-清除地表植被

处理后的土壤散布在1acre的场地

野花绽放-重建完成

场地上部覆盖干净土壤

布置浅层监测井

绿化前的场地

图 2-5 PIMS 技术现场稳定化风险管控步骤示意[67]

该技术不需要特定技术人员或培训,人员和培训要求仅限现场,或土壤移动/重型设备操作的安装,以及项目现场质量保证计划、采样分析计划或其他现场特定要求,除现场的一般要求外此技术也没有特殊的健康和安全规范。

2.2.5 监测与效果评估

在处理区安装了 3 个测渗仪,用于监测渗滤液 (图 2-6)。在未管控场地中还安装了测渗仪以评估背景基准条件,便于对比分析未管控土壤和管控土壤之间参数的差异。

为实现多个监管标准,项目以多种方式来衡量该技术的综合效果。首先,风险管控场地下方或周围的监控井结果表明,风险管控后土壤天然水的渗滤液中铅浓度低于饮用水中铅的 MCL (0.015mg/L)。其次,风险管控后土壤应符合得克萨斯州 II 级无害废物分类标准,TCLP 分批测试的结果表明,铅的浸出浓度为 1.5mg/L。

可以预料,在任何场景使用此技术都不会产生废物残留。数据表明,经磷灰石

图 2-6   监测用测渗仪[67]

改良土壤的渗滤液浓度低于铅的 MCL，表明地表径流流经管控土壤中产生的渗滤液达标。该项目的环境安全技术认证计划（Environmental Security Technology Certification Program，ESTCP）最终报告中提供了用于支持方案设计的所有分析和采样方法，其中包括 CSSA 采样和分析计划，包括相关的质量保证计划，以及健康和安全保障计划。

　　表 2-3 列出了使用 Apatite Ⅱ™材料和 PIMS 技术进行风险管控的性能分类和效果评估。使用 Apatite Ⅱ™材料进行风险管控具有污染物迁移率低和操作简单的特点。渗滤液监测结果证实了污染物迁移率低的特点；3000yd³ 土壤处理所需的低成本和短时间表明该措施操作简单，实际表现符合所有期望，示范预期或采样结果未出现偏差。

表 2-3   预期效果及效果评估

效果标准	预期效果度量标准(示范)	效果确认方法	实际效果(示范后)
基础标准(定性)			
污染物迁移性	预期减少污染物的迁移性，例如改良后的土壤渗滤液中的铅浓度达到地下水最大污染物排放标准	使用 EPA SW-846 方法分析产生的渗滤液	污染物迁移性按预期减弱
易用性	此技术在改良后土壤的混合和安置过程中只需利用典型的施工设备	依据示范运行的经验	包括挖沟机/装载机,维护设备和铲车等设备的使用

续表

效果标准	预期效果度量标准(示范)	效果确认方法	实际效果(示范后)
基础标准(定量)			
原料流 ——污染物浓度	预期 10yd³ 批量进料过程中重金属铅浓度高于 $2000×10^{-6}$	EPA SW-846 方法 6010B	示范修复量为 600yd³/d
目标污染物 ——管控标准	目标一:降低土壤渗滤液中的铅浓度至 $15×10^{-9}$ 以下; 目标二:将可浸出 Pb 降低到得克萨斯州Ⅰ级非危险废物标准的 $1.5×10^{-6}$ 以下	EPA SW-846 方法 7421 EPA SW-846 方法 1311/6010B	观察得出的结论:该场地产生的渗滤液中铅的浓度为 $(2\sim7)×10^{-9}$,远低于铅的 MCL 标准($15×10^{-9}$),并将土壤基质中的可浸出的铅浓度降低到得克萨斯州Ⅱ级非危险废物标准以下。在以生物可利用性为标准的体外试验中显示生物利用率降低
危险材料 ——消除 ——产生	无 无	不适用 不适用	
可靠性	无	不适用	
工艺废物 ——产生	无	观察	无
效果影响因素 ——吞吐量 ——介质尺寸	没有限制 大尺寸的岩石可能降低吞吐量	进行高流量分析时,土壤筛分可能适用	示范修复效率为 600yd³/d。示范场地为清除未爆炸弹药已预先筛分,示范在预先筛分过的土壤执行
第二效果标准(定性)			
可靠性	无故障	纪录保持	修复过程中无故障 由于取样设备故障,监测阶段的渗滤液收集出现了轻微问题
安全性 ——危害 ——防护服	粉尘 改良的 D 级个人防护装备	经验来自示范操作人员的监控	所有现场工作都是在改良的 D 级个人防护装备上进行的,没有显著的粉尘产生
用途广泛性 ——间歇运行 ——其他应用	是 可能可用于治理其他污染(铬、镉)	经验来自示范操作 EPA SW-846 方法 6010B	由于操作或天气的限制,混合操作可能间歇性进行。 渗滤液分析结果显示相比于未改良土壤,在改良土壤中,其他与钡、铜和锌一起被监测的金属可溶性浓度显著降低
维护 ——要求	无	经验来自示范操作	现场示范工作无需维护。但在监测工作中,需要对渗滤液收集系统进行维护
扩大限制 ——流速 ——污染物浓度	最大批量单位可用于废物分类的毒性等级	示范操作期间的监控 EPA SW-846 方法 1311/6010B	实地观察表明这种技术的应用似乎没有任何扩大的限制

项目选择 SW-846、SW7421 或 SW7420 等几种 EPA 方法对收集来的各类型土壤和水样中的 Pb 浓度进行分析，此示范工程实施之前，通过现场调查确定了包括其他金属在内的分析参数，包括 As（SW7060A），Cd（SW7131A），Hg（SW7471A），及采用 SW6010B 方法分析的 Ba、Cr、Cu、Ni 和 Zn。在工程示范过程中，使用了 TCLP（SW1311）和合成沉淀浸出程序（Synthetic Precipitation Leaching Procedure，SPLP）（SW1312）。所有样品均由 Parsons 公司的员工负责收集，并由加利福尼亚州弗雷斯诺的农业与优先污染物实验室 APPL（Agricultural & Priority Pollutants Laboratory，Inc.）进行分析。

示范处理中采用的分析和抽样方法符合 EPA 等相关标准，而其他监测程序则允许有限选择自由，例如使用渗透装置收集渗滤液样品。样品介质包括土壤样品和液体样品（渗滤液）。土壤表征所用样品只需一次性收集，监测样品的收集则在天气条件允许的情况下平均每季度收集一次。以无偏方式随机选择样点对筛分后的土壤进行采集，并根据参考点随机选择采样位置，采样过程没有采用混合取样方式。

通常，使用蠕动泵和 0.45μm 过滤器收集渗滤液样品进行分析。将样品收集到 1L 的棕色广口瓶中，或者收集到预处理过的 250mL 塑料容器中以保存。如有必要，使用带有 0.1μm 过滤器的注射器对渗滤液样品进行二次过滤，以确保除去非常小的含 Pb 颗粒，保证溶液中只含有溶解的 Pb。在示范的监测过程中，场地特征或场地的物理性质可能会影响设备采样。

一项实验研究表明，由溶液形成的含铅磷氯铅矿的最初沉淀<0.1μm，因此在对浸出的 Pb 进行取样时必须小心。为了确保仅含有待分析溶解的重金属成分，建议对渗滤液进行二次过滤以去除极细固相的 Pb-磷氯铅矿微晶，因为随着时间延长，细晶粒的微晶会因奥斯特瓦尔德熟化（Ostwald Ripening）过程而团聚成更大的颗粒。

表 2-4 总结了场地示范的监测结果，显示了风险管控后土壤渗滤液的分析数据。表中 L1、L2 和 L3 表示风险管控后土壤中的第几个测渗仪，L4 是未管控土壤。样品编号中的其他数字表示采样过程和使用的过滤器的大小。如编号为 B20-L2-0.45 的样品代表的是安装在 SWMU B20 管控后土壤位点中的第二个测渗仪中第一次收集的渗滤液，且该渗滤液经过 0.45μm 针筒式过滤器过滤。

表 2-4　浸出浓度监测结果

日期 (年-月-日)	样品编号	EPA 方法/浓度								
		SW7421 /(mg/L)	SW6010B/(mg/L)					SW7060A /(mg/L)	SW7131A /(mg/L)	SW7471A /(mg/L)
		Pb	Ba	Cr	Cu	Ni	Zn	As	Cd	Hg
2002-4-11	B20-L2-1.45	0.0066								
	B20-L3-1.45	0.0050								
	B20-L3-1.10	0.0014								
2002-6-30	B20-L1-2.45	0.0008	1.97	0.0030	0.0690	0.0150	0.0500	0.0050	0.0001	0.0001
	B20-L2-2.45	0.0008	1.25	0.0010	0.0450	0.0080	0.0340	0.0091	0.0003	0.0001
2002-7-10	B20-L2-3.45	0.0035	4.14	0.0010	0.1220	0.0200	0.1350	0.0076	0.0002	0.0002
	B20-L3-3.45	0.0054	0.623	0.0010	0.0310	0.0050	0.0340	0.0124	0.0003	0.0001
2002-8-21	B20-L1-4.1	0.0014	0.416	0.0010	0.0390	0.0060	0.0210	0.0010	0.0002	
	B20-L2-4.1	0.0043	0.046	0.0020	0.0110	0.0030	0.0330	0.0013	0.0003	
	B20-L3-4.1	0.0016	0.308	0.0010	0.0260	0.0050	0.0190	0.0024	0.0001	
2002-10-26	B20-L1-5.45	0.0027								
	B20-L2-5.45	0.0062						0.0008	0.0003	0.0001
	B20-L3-5.45	0.0022								
	B20-L4-5.45	0.3940	15.6	0.0040	0.0810	0.0050	0.0960			
2002-12-21	B20-L1-6.45	0.0008	1.78	0.0010	0.0380	0.0070	0.0310	0.0008	0.0001	
	B20-L1-6.1	0.0008	1.80	0.0030	0.0390	0.0080	0.0280	0.0008	0.0001	
	B20-L2-6.45	0.0008	0.658	0.0040	0.0380	0.0070	0.0310	0.0008	0.0001	
	B20-L2-6.1	0.0031	0.590	0.0010	0.0360	0.0060	0.0300	0.0008	0.0003	
	B20-L3-6.45	0.0008	0.555	0.0010	0.0190	0.0030	0.0200	0.0008	0.0001	
	B20-L3-6.1	0.0008	0.534	0.0010	0.0190	0.0030	0.0210	0.0008	0.0001	
	B20-L4-6.45	0.3510	11.1	0.0010	0.0770	0.0040	0.0460	0.0008	0.0001	
	B20-L4-6.1	0.0906	11.5	0.0020	0.0740	0.0080	0.0590	0.0008	0.0002	

日期 (年-月-日)	样品编号	EPA 方法/浓度								
		SW7421 /(mg/L)	SW6010B/(mg/L)					SW7060 0A /(mg/L)	SW7131 1A /(mg/L)	SW7471 1A /(mg/L)
		Pb	Ba	Cr	Cu	Ni	Zn	As	Cd	Hg
2003- 4-10	B20-L1- 7.45	0.0065								
	B20-L2- 7.45	0.0035								
	B20-L3- 7.45	0.0008								

　　风险管控显著减少了土壤渗滤液中的可溶性 Pb 浓度。风险管控后土壤的平均渗滤液浓度为 0.0065mg/L，低于饮用水标准值 0.015mg/L。风险管控后土壤的 TCLP 平均浸出浓度为 0.46mg/L，符合得克萨斯州 Ⅱ 级非危险废物分类标准 1.5mg/L，因此，以上结果符合示范方案中预期风险管控效果的验收标准。

　　在斯坦利（Stanley）营地上，分别对风险管控和未管控的土壤进行了体外生物可给性（污染物可能被生物吸收的那部分）测试以分析其生物可给性削减程度。但是，关于如何将此类数据纳入风险管控效果评估尚无共识，更无相应法规对此进行规定。Ruby 等在 1993～1996 年间开发出了一种体外生物可给性测试方法，且该测试方法得到了 EPA Ⅷ 部门的认可。在 Ruby 的指导下，Expnent 公司曾用该方法对斯坦利营地风险管控后的土壤和管控前的土壤质量进行了对比分析。从 CSSA SWMU B-20 场地原始和管控后土壤中采集的 11 个样品（每个样品 3 个平行样）的分析结果显示，风险管控后的土壤中生物可给性平均降低了 27%，与其他磷酸盐修复过的土壤的结果类似。如图 2-7 所示，英国多个 Apatite Ⅱ™风险管控的 Pb 污染的工业场地，都采用了 Ruby 的体外生物可利用度测试方法，结果表明 Apatite Ⅱ™改良剂降低了生物可给性，但削减效果在很大程度上取决于土壤类型。

　　该示范工程实现了计划中规定的所有风险管控效果和成本目标，例如，混合速度快于预期；渗滤液中铅的浓度降低至监管目标限值以下；人员、培训、健康和安全要求达到了预期；操作方式简单，符合预期；且没有出现任何干扰示范效果的问题。对 3000yd³ 的土壤进行全面风险管控的最终实际成本约为 21.26 美元/yd³，甚至低于预算，没有产生排放物、危险物或二次废物。

　　PIMS 技术通过在 Apatite Ⅱ™表面和土壤颗粒中不断沉淀 Pb，从土壤孔隙水

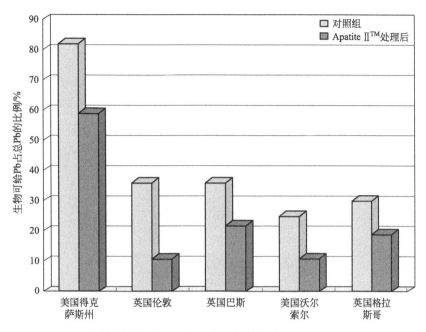

图 2-7　Apatite II™ 风险管控前后前污染土壤的生物可给性（Bioassessbility）[67]

中不断去除溶解态 Pb，实现风险管控效果。因此，当新鲜的雨水或其他水冲进土壤中时，可从弹片和风化的铅化合物［如铜铝矿（$PbCO_3$）或 Pb-羟基氧化物］溶解出 Pb，从而与来自 Apatite II™ 的磷酸盐发生反应，形成磷氯铅矿形式的沉淀。这种沉淀最初只有纳米级别，而奥斯特瓦尔德熟化法证明多年后它将会聚结成更大的晶体。

随着时间的推移，Apatite II™ 表面上的 Pb 不断堆积，详见图 2-8。磷灰石 II 从孔隙水中去除 Pb 的速度非常快，Pb 在土壤表面的累积速率取决于其进入土壤孔隙水中的速率，可采用孔隙水通过污染土壤的年通量来估算。研究表明，污染土壤孔隙水中 Pb 浓度范围在 $10^{-8} \sim 10^{-7}$ 数量级。假定溶液中 Pb 的含量为 1×10^{-6}（注：在斯坦利营地检测到的最高值约为 390×10^{-9}），并且假设土壤是饱和的，孔隙率为 40%，密度为 $1.5 \mathrm{g/cm^3}$（$\mathrm{kg/dm^3}$），则任一时刻溶液中的 Pb 含量约为：$0.4/1.5\mathrm{g/cm^3} \times 0.001\mathrm{g\ Pb/L} \times 1\mathrm{L}/1000\mathrm{cm^3} = 2.67 \times 10^{-7}\mathrm{g\ Pb/g}$ 土壤，因此计算出的最糟糕的情况下 Pb 可浸提值为 $267\mu\mathrm{g\ Pb/g}$ 土壤。

以斯坦利营地最不利部分的情况进行假设：

① 所有降水都会渗入土壤，进入土壤孔隙的所有水都溶解 1mg/L Pb，斯坦利营地在 SWMU B-20 的 3ft 处理区内每年平均降雨量为 30in（等于两个孔隙饱和度）（30in/0.4＝75in＝6.25ft）；

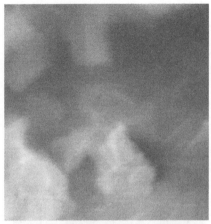

(a) PIMS风险管控后斯坦利营地土壤显微照片

(b) Pb EDX图

图 2-8　土壤 SEM 及 EDX 图[67]

② 在与 Apatite II™ 反应时，所有的 Pb 均被去除；则每年在 Apatite II™ 和邻近土壤颗粒上积累的 Pb 含量相当于 $534\mu g/g$ 土壤。

因此，晶粒表面上的 Pb 积累量是缓慢的，以至于多年以来在土壤的 X 射线衍射（XRD）模式中都检测不到（XRD 需要 $0.5\%\sim1\%$ 的含量进行检测）。在 3 年的反应时间后（当收集样品进行 SEM 分析时），即使 SEM 设备也很难在足够高浓度 Pb 土中找到并捕获 Pb。

在风险管控后的土壤中运行的另一种机制是亚微米级 Pb 附着在 Apatite II™ 表面的颗粒。如土壤中的剥落颗粒含有铅，可能在悬浮迁移的过程中与 Apatite II™ 的颗粒表面接触后在界面上发生磷氯铅矿或者磷酸盐水泥的沉淀反应。在对经过 3 年老化处理的土壤中提取的多个 Apatite II™ 晶粒进行长时间扫描之后偶尔可观察到亚微米尺度的 Pb 颗粒附着在 Apatite Ⅱ™上。Pb 原子量大,很容易通过能谱分析来确定。虽然较难确定这些颗粒是否是通过附着在 Apatite Ⅱ™表面上产生的沉淀,但从形态看,有些似乎已经原位生长,其他似乎已被粘在沉淀表面。因此,相比于未管控的土壤,该技术在土壤中的最佳性能体现在土壤渗滤液中铅浓度下降,测渗仪收集到管控后土壤渗滤液铅浓度始终小于 7×10^{-9}。

2.2.6　案例小结

2.2.6.1　成本分析

(1) 运营成本

该案例给出了具体的成本情况。因此,在进行案例小结前先对该案例进行了风险管控成本分析。成本问题对于评估任何风险管控措施至关重要。整体上,PIMS 现场示范项目符合预期运营成本。

本节介绍的总成本可与使用该技术进行风险管控的其他场地进行直接比较。另外,先前在 SWMU B-20 开展的场地残留物清理行动带来了一些潜在的经济收益,一定程度上降低了项目的成本。通过该项目的成本估计,该技术应用于其他场地时,设备类型可能会有所不同,例如可以使用带有圆盘犁和耕作机的拖拉机以替代传统的挖掘机。另外,当靶场按照污染预防指南经过风险管控后进行场地再利用时,还可能需要开展其他活动,例如土方动工、筛分和重建,成本也可能会相应增加,深层土壤可能需要使用钻机或其他方法来混合 Apatite Ⅱ™。

成本基础从实际示范现场所需成本中得到(表 2-5)。示范项目包括将 80t 磷灰石Ⅱ混合进 3000yd³ Pb 污染的土壤,将风险管控后的土壤平铺在 100ft×200ft×3.5ft 的区域中并设置 6in 无污染植被土壤覆盖层。Apatite Ⅱ™材料的较低成本为该技术的实施提供了较好成本基础。由于 Apatite Ⅱ™材料的现场应需要的额外花费很低,因此本项目的成本主要来源于 Apatite Ⅱ™材料的生产费用和运输费用,占现场示范项目支出费用的 50% 以上。加工设备包括用于移动和混合物料的前端装载器和维护器。劳动力包括一名建筑主管、两名重型设备操作员以及一名独立的观察员/健康与安全现场监督员。操作员使用一台设备进行混合和平整大约需要 1 周的时间,现场观察员可确保施工符合最终风险管控计划和质量保证,并记录实地工作情况。

表 2-5　示范工程成本报告

项目	主要部分	现场规模费用/美元
筹备费用		
计划	计划成本包括工作计划的准备、取样和分析计划、健康和安全计划	5000
场地特征描述	取样和分析	1500
进场	只包括设备的进场	550
现场准备	包括现场杂物清理和植被的清除	500
退场	只包括设备的退场	550
总筹备费用		8100
运营费用		
直接环境活动费用		
固定设备租用	包括前端装载机和平地机	2375
辅助设备租用	无	0
监管	包括一个监管人员(40h,60 美元/h)	2400
作业人员劳务	包括两个作业人员(40h,35 美元/h)	1400
监察人员/健康和安全监察	包括一个监察人员(40h,65 美元/h)	2600
维护	无	0
公共设施	无	0
原材料	包括 6in 土壤和植被覆盖	4500
化学助剂	包括 80t 磷灰石Ⅱ材料	18000
消耗品、物资	包括个人防护装备	100
取样和分析	包括性能测试	300
长期监测	包括五年内的季度监测(5%价格膨胀,预计 2500 美元不包括在修复费用内)	0
运输	包括磷灰石Ⅱ材料生产工厂到 CSSA 的运输	2400
间接环境活动费用		0
环境和安全培训	无	0
OSHA 周围环境取样	无	0
废弃物证明(如有)	无	0
总运营费用		55675
总方案费用		8100
总费用	1yd³	21.26
可变动费用	1yd³	19

表 2-5 列出了处理约 3000yd³ Pb 污染土壤时所产生的现场示范费用。固定成本包括启动成本（规划、场地调查、动员和场地准备）和生产成本［如化学品

（Apatite Ⅱ™材料）和原材料的采购（覆盖土壤和植被）]。运营成本包括设备租赁、人员和个人防护设备（PPE）。效果测试成本仅占成本的一小部分，在获得监管认可后可能不需要进行长期监测。

PIMS 风险管控技术的最大成本驱动因素包括 Apatite Ⅱ™的物料成本和物料到工作现场的运输成本。与任何商品一样，PIMS Apatite Ⅱ™材料的供应和价格会受市场影响，随时间发生变化。2000 年 PIMS 材料的最初购买价约为 225 美元/t。在过去的五年间，其价格一直在 200～500 美元/t 之间波动。但即使以 500 美元/t 的成本计算，土壤风险管控的总成本也仅增加到 28 美元/yd^3。

（2）生命周期成本

PIMS 风险管控技术的预计生命周期成本包括以下项目。

① 固定成本（许可和法规要求、场地调查、场地准备、工程和行政支持设备入场和退场）

与任何具备一定规模的项目都类似，固定成本是一次性支出。包括设计、场地调查、设备调遣等成本。对于整个现场示范，这些成本仅占总成本的一小部分（约 1/5）。这部分成本比较稳定，并且其修复单价随着处理土方量的增加而减少。

② 可变成本（现场开挖、设备租赁、劳动人员、采样和分析、Apatite Ⅱ™材料、运输等）

可变成本是指直接取决于风险管控土方量的成本。最高的可变成本是 Apatite Ⅱ™材料购买及其运输成本，可占管控技术实施总成本的 50％以上。运输成本也会随市场和运输环境不同而变化，本项目中 Apatite Ⅱ™到 CSSA 现场的运输成本约为 300 美元/t。生产 Apatite Ⅱ™材料工厂的位置和不同运输方法都会对可变成本产生影响。如从 Apatite Ⅱ™生产地通过船运运往韩国首尔的成本大约仅为 180 美元/t；而运送到圣安东尼奥市（CSSA 所在城市）时，物料将分别通过船和火车运输，最后通过卡车完成运往 CSSA 的最后一段路程。燃油成本的变化是影响成本变动的重要因素。但是，可以预见，随着 Apatite Ⅱ™材料供应新市场（例如密西西比河三角洲地区）的开放，运输成本将随着与用户地点的接近而降低。

③ 未来为期 5 年的监测和责任相关成本

与该技术相关的未来隐患责任和成本目前尚不明确。如前所述，该技术不会去除污染物，而是将其改变为更稳定的矿物形式，同时防止浸出和迁移。因此，对于现场示范工作，Pb 污染物仍在土壤基质中，并且会继续受到 EPA 和得克萨斯州环境质量委员会的监管。但管控监测数据表明，Pb 的生物可给性降低，并且基本没有铅从土壤中浸出，因此实现了有利的、不需要继续监测的场地结案标准。国家应急计划（National Contingency Plan，NCP）规定了持续五年的季度监控计划，这会产生一定的费用。在 2006 年完成了 5 年的监测后，对数据进行了评估，并确定是否需要进一步监测。

2.2.6.2 方案可行性分析

由于 Apatite Ⅱ™材料和运输成本是主要的成本驱动因素，因此大多数场地管控方案对总成本的影响不太明显。但若场地处于偏远山区，情况会很不一样。极度偏远（如远离既有铺设道路、铁轨或水道）可能会大大增加运输成本，但美国大多数军事靶场不偏远。在无法将 Apatite Ⅱ™和土壤进行混合的场地，无法利用该技术进行污染土壤风险管控；如在多年冻土地区或具有极端地形的场地，但是大多数军事靶场都没有布设于上述地区，因为极端的地貌特征会影响正常的军事活动。如果处理约 $1\times10^8\,yd^3$ 的 Pb 污染土壤，开挖并异地处置的费用为 104 美元/yd^3；假设 PIMS 的平均成本为 25 美元/yd^3，则可节省的费用约为：（104 美元/yd^3 － 25 美元/yd^3）$\times1\times10^8\,yd^3$ ＝ 79 亿美元。

PIMS 管控技术完成后通常不需要任何许可工作或特殊操作通知。原位应用方法无需处理大量的有害固体废弃物，避免了《资源保护与恢复法案》（Resource Conservation and Recovery Act，RCRA）所要求的与异位相关有害介质的处理花费，具有可观的成本优势。在整个示范工作中，分析了受污染的土壤介质以确定废物分类。可行性研究的分析结果表明，PIMS 现场管控后的土壤符合Ⅰ类非危险标准。因此，处理 SWMU B-20 的筛分土壤可能不会产生 RCRA 所要求的繁琐的许可或规划。在原位施用 Apatite Ⅱ™材料过程中，关键是确定碎石的量或超大鹅卵石的量，大量较大的碎石可能会加大混合工作的难度。冻土也会阻碍原位混合操作。没有任何因素会导致成本与预算的较大差异，未来潜在成本变动主要体现在不断开发新来源的 Apatite Ⅱ™和减少运输费用。Apatite Ⅱ™很可能随着持续的发展而变化，而运输费用变化可能性不大，这是由于受燃料价格影响的运输成本在不久的将来可能不会减少。该风险管控技术是易于操作的（无需特殊设备，无需特殊培训）。使用专门的搅拌设备减少土壤搅拌时间可以减少土壤风险管控成本。通过关键的采购环节降低成本的方法是尽早购买 Apatite Ⅱ™，以充分利用成本波动，或在低成本期间储存 Apatite Ⅱ™材料。

2.2.6.3　案例小结与启示

斯坦利军火库风险管控案例，使用矿物材料磷灰石对典型 Pb 污染场地进行了稳定化处理，降低了污染物的环境风险。并通过植被对场地进行了绿化，促进了场地长期的生态可持续性。该案例对我国的经验启示如下。

（1）固化/稳定化处理技术

固化/稳定化处理并不意味着一定要加入水泥基胶凝材料，通过分析场地修复目标，在不需要对土体强度进行提高时可以仅使用化学稳定化技术，从而降低材料消耗。

（2）固化/稳定化技术成本

固化/稳定化技术成本主要来自材料购买和运输，可以从降低材料成本和缩短运输距离两个方面节省风险管控的预算。因此，基于工业废弃物、农业废弃物、天然矿物的绿色可持续材料具有重要的应用前景。

（3）风险管控后监测

风险管控后的长期监测非常重要。我国目前对场地修复或管控后的长期管理与长期监测上缺乏足够重视。应在场地管控方案和场地预算建立期间，就明确风险管控后场地的长期管理与长期监测。应将场地长期管理与长期监测费用写进预算，确保其顺利展开。

（4）固化/稳定化技术前景

固化/稳定化技术有性价比高、施工快速灵活、周期短、二次污染少等优势，在我国场地修复中具有较好的应用前景。但其长期有效性和长期监测的问题需要引起足够重视。

参 考 文 献

［1］ Shen Z T，et al. Solidification/stabilization for soil remediation：an old technology with new vitality. Environment Science and Technology，2019，ACS Publications.

［2］ Wang L，et al. Green remediation of As and Pb contaminated soil using cement-free clay-based stabilization/solidification. Environment International，2019，126：336-345.

［3］ Shen Z T，et al. Temporal effect of MgO reactivity on the stabilization of lead contaminated soil. Environment International，2019：131.

［4］ Ma Y，et al. Remediating Potentially Toxic Metal and Organic Co-Contamination of Soil by Combining In Situ Solidification/Stabilization and Chemical Oxidation：Efficacy，Mechanism，and Evaluation. International Journal of Environmental Research and Public Health，2018，15（11）.

［5］ Conner J R，Hoeffner S L. The history of stabilization/solidification technology. Critical Reviews in Environmental Science and Technology，1998，28（4）：325-396.

［6］ Shen Z T，Li Z，Alessi D S. Stabilization-based soil remediation should consider long-term challenges. Frontiers of Environmental Science & Engineering，2018，12（2）：1-3.

［7］ Li J S. Evolution Mechanism on Structural Characteristics of Lead-Contaminated Soil in the Solidification/Stabilization Process Foreword，in Evolution Mechanism on Structural Characteristics of Lead-Contaminated Soil in the Solidification/Stabilization Process，2019.

［8］ Xia W Y，et al. In-situ solidification/stabilization of heavy metals contaminated site soil using a dry jet mixing method and new hydroxyapatite based binder. Journal of Hazardous Materials，2019，369：353-361.

［9］ Xia W Y，et al. Field evaluation of a new hydroxyapatite based binder for ex-situ solidification/stabilization of a heavy metal contaminated site soil around a Pb-Zn smelter. Construction and Building Materials，2019，210：278-288.

［10］ Shirdam R，Nourigohar A，Mohamadi S. Stabilization of Filter Cake and its Leaching Behaviour：A Case Study with Cementitious and Soluble Phosphate Additives. Pollution，2019，5（3）：525-536.

［11］ Pan Y Z，et al. Stabilization/solidification characteristics of organic clay contaminated by lead when using cement. Journal of Hazardous Materials，2019，362：132-139.

［12］ Bates E R，Dean P V，Klich I. Chemical stabilization of mixed organic and metal-compounds-epa site program demonstration of the silicate technology corporation process. Journal of the Air & Waste Management Association，1992，42（5）：724-728.

［13］ Hsieh H N，et al. Solidification stabilization of contaminated soil and concrete debris with thermal-treated btm. Hazardous Waste & Hazardous Materials，1994，11（2）：311-317.

［14］ Lin S L，Lai J S，Chian E S K. Modifications of sulfur polymer cement（SPC）stabilization and solidification（S/S）process. Waste Management，1995，15（5-6）：441-447.

［15］ Vipulanandan C. Effect of clays and cement on the solidification/stabilization of phenol-contaminated soils. Waste Management，1995，15（5-6）：399-406.

［16］ Lin S L，et al. Stabilization and solidification of lead in contaminated soils. Journal of Hazardous Materials，1996，48（1-3）：95-110.

［17］ Shen Z T，et al. Solidification/Stabilization for Soil Remediation：An Old Technology with New Vitality. Environmental Science & Technology，2019，53（20）：11615-11617.

［18］ Shen J S，et al. Study on the Stabilization of a New Type of Waste Solidifying Agent for Soft Soil. Materials，2019，12（5）.

［19］ Rao A J，Pagilla K R，Wagh A S. Stabilization and solidification of metal-laden wastes by compaction and magnesium phosphate-based binder. Journal of the Air & Waste Management Association，2000，50（9）：1623-1631.

［20］ Hwang I，Batchelor B. Reductive dechlorination of tetrachloroethylene in soils by Fe(Ⅱ)-based degradative solidification/stabilization. Environmental Science & Technology，2001，35（18）：3792-3797.

［21］ Yilmaz O，Unlu K，Cokca E. Solidification/stabilization of hazardous wastes containing metals and organic contaminants. Journal of Environmental Engineering-Asce，2003，129（4）：366-376.

［22］ Kumpiene J，Lagerkvist A，Maurice C. Stabilization of As，Cr，Cu，Pb and Zn in soil using amendments-a review. Waste management，2008，28（1）：215-225.

［23］ Xenidis A，Stouraiti C，Papassiopi N. Stabilization of Pb and As in soils by applying combined treatment with phosphates and ferrous iron. J Hazard Mater，2010，177（1-3）：929-937.

［24］ Agency，U. S. E. P. Superfund Remedy Report 16th Edition，2020.

［25］ 全国土壤污染状况调查公报，2014.

［26］ 杨苏才，等．土壤重金属污染现状与治理途径研究进展．安徽农业科学，2006（03）：549-552.

［27］ 崔斌，等．土壤重金属污染现状与危害及修复技术研究进展．安徽农业科学，2012，40（01）：373-375，447.

［28］ 宋伟，等．中国耕地土壤重金属污染概况．水土保持研究，2013，20（02）：293-298.

［29］ 周建军，等．我国土壤重金属污染现状及治理战略．中国科学院院刊，2014，29（03）：315-320，350，272.

［30］ 董家麟．土壤重金属污染及修复技术综述．节能与环保，2018（10）：48-51.

［31］ 李书鹏．土壤与地下水修复行业发展报告（2018）．第三届中国可持续环境修复大会，2018.

［32］ Kameda K，Hashimoto Y，Ok Y S. Stabilization of arsenic and lead by magnesium oxide（MgO）in different seawater concentrations. Environmental Pollution，2018，233：952-959.

［33］ Hou D Y，et al. Life cycle assessment comparison of thermal desorption and stabilization/solidification of mercury contaminated soil on agricultural land. Journal of Cleaner Production，2016，139：949-956.

［34］ Wang L，Tsang D C W，Poon C S. Green remediation and recycling of contaminated sediment by waste-incorporated stabilization/solidification. Chemosphere，2015，122：257-264.

［35］ Zhao B，et al. Sulfur-modified biochar as a soil amendment to stabilize mercury pollution：An accelerated simulation of long-term aging effects. Environmental Pollution，2020：264.

［36］ Jing J，et al. Long-term effects of animal manure and mineral fertilizers on phosphorus availability and silage maize growth. Soil Use and Management，2019，35（2）：323-333.

［37］ Cao X Y，et al. On the long-term migration of uranyl in bentonite barrier for high-level radioactive waste repositories: The effect of different host rocks. Chemical Geology, 2019, 525: 46-57.

［38］ Wang D X, et al. Long-term mechanical performance of marine sediments solidified with cement, lime, and fly ash. Marine Georesources & Geotechnology, 2018, 36 (1): 123-130.

［39］ Shen Z T, et al. Assessing long-term stability of cadmium and lead in a soil washing residue amended with MgO-based binders using quantitative accelerated ageing. Science of the Total Environment, 2018, 643: 1571-1578.

［40］ Singh B P, Cowie A L. Long-term influence of biochar on native organic carbon mineralisation in a low-carbon clayey soil. Sci Rep, 2014, 4: 3687.

［41］ Paria S, Yuet P K. Solidification-stabilization of organic and inorganic contaminants using portland cement: a literature review. Environmental reviews, 2006, 14 (4): 217-255.

［42］ Pinto C A, et al. Cement stabilization of runoff residuals: A study of stabilization/solidification of urban rainfall-runoff residuals in type 1 Portland cement by XRD and Si-29 NMR analysis. Water Air and Soil Pollution, 2008, 188 (1-4): 261-270.

［43］ Desogus P, et al. Stabilization-solidification treatment of mine tailings using Portland cement, potassium dihydrogen phosphate and ferric chloride hexahydrate. Minerals Engineering, 2013, 45: 47-54.

［44］ Rachman R M, Bahri A S, Trihadiningrum Y. Stabilization and solidification of tailings from a traditional gold mine using Portland cement. Environmental Engineering Research, 2018, 23 (2): 189-194.

［45］ Yoon I H, et al. Mechanism for the stabilization/solidification of arsenic-contaminated soils with Portland cement and cement kiln dust. J Environ Manage, 2010, 91 (11): 2322-2328.

［46］ Tang Q, et al. Solidification/Stabilization of Fly Ash from a Municipal Solid Waste Incineration Facility Using Portland Cement. Advances in Materials Science and Engineering, 2016.

［47］ Bullard J W, et al. Mechanisms of cement hydration. Cement & Concrete Research, 2011, 41 (12): 1208-1223.

［48］ Matschei T, et al. The role of calcium carbonate in cement hydration. Cement & Concrete Research, 2007, 37 (4): 551-558.

［49］ Boden T, B Andres, Marland R J. Global, Regional and National Fossil-Fuel CO_2 Emissions, 2017: 1751-2014.

［50］ Wang F, et al. Three-year performance of in-situ mass stabilised contaminated site soils using MgO-bearing binders. Journal of Hazardous Materials, 2016, 318: 302-307.

［51］ Yi Y, Liska M, Al-Tabbaa A. Properties of Two Model Soils Stabilized with Different Blends and Contents of GGBS, MgO, Lime, and PC. Journal of Materials in Civil Engineering, 2014, 26 (2): 267-274.

［52］ Wu H L, et al. Leaching and microstructural properties of lead contaminated kaolin stabilized by GGBS-MgO in semi-dynamic leaching tests. Construction and Building Materials, 2018, 172: 626-634.

［53］ Jin F, et al. Effects of different reactive MgOs on the hydration of MgO-activated GGBS paste. Journal of Materials in Civil Engineering, 2013, 27 (7): B4014001.

[54] Bo Y L, et al. Strength and leachability of lead contaminated clay stabilized by GGBS-MgO. Rock and Soil Mechanics, 2015, 36 (10): 2877-2891.

[55] Wang F, Shen Z, Al-Tabbaa A. PC-based and MgO-based binders stabilised/solidified heavy metal-contaminated model soil: strength and heavy metal speciation in early stage. Geotechnique, 2018, 68 (11): 1025-1030.

[56] Wang S D, Scrivener K L. Hydration products of alkali activated slag cement. 1995. 25 (3): 561-571.

[57] Wang S D, et al. Factors affecting the strength of alkali-activated slag. Cement & Concrete Research, 1994, 24 (6): 1033-1043.

[58] Chen H, et al. Stabilization/solidification of chromium-bearing electroplating sludge with alkali-activated slag binders. Chemosphere, 2020, 240 (2): 124885. 1-124885. 9.

[59] Wang L, et al. Green remediation of Cd and Hg contaminated soil using humic acid modified montmorillonite: Immobilization performance under accelerated ageing conditions. Journal of Hazardous Materials, 2020, 387: 122005.

[60] Lin J, et al. The stabilizing mechanism of cadmium in contaminated soil using green synthesized iron oxide nanoparticles under long-term incubation. Journal of Hazardous Materials, 2019, 379: 120832.

[61] Shen Z T, et al. Effect of production temperature on lead removal mechanisms by rice straw biochars. Science of the Total Environment, 2019, 655: 751-758.

[62] Shen Z T, et al. Mechanisms of biochar assisted immobilization of Pb^{2+} by bioapatite in aqueous solution. Chemosphere, 2018, 190: 260-266.

[63] Wang L W, et al. Green remediation of Cd and Hg contaminated soil using humic acid modified montmorillonite: Immobilization performance under accelerated ageing conditions. Journal of Hazardous Materials, 2020: 387.

[64] Limited S U, I. PIMS NW, PIMS with Apatite Ⅱ ™—A field scale demonstration on a lead contaminated soil. Stabilisation/Solidification Treatment & Remediation: Advances in S/S for waste and contaminated land, 2005.

[65] Wright J, et al. Pims using Apatite Ⅱ: Remediation of Pb-contaminated range soil at Camp Stanley storage activity, TX. Proceedings of the Conference on Sustainable Range Management. New Orleans, LA, 2004.

[66] Agency, U. S. E. P. Statement of Basis, Camp Stanley Storage Activity, 2015.

[67] Wright J, Conca J. PIMS: Remediation of Soil and Groundwater Contaminated With Metals. Environmental security technology certification program alexandria VA, 2006.

第3章 可渗透反应墙技术

3.1 可渗透反应墙技术介绍

可渗透反应墙（Permeable Reactive Barrier，PRB）技术是指在受污染地下水流经的含水层垂直方向建造由反应材料组成的高渗透性的反应墙，通过反应材料的吸附、沉淀、化学降解或生物降解等作用去除地下水中的污染物[1-6]。通过选取合适的反应材料，可渗透反应墙技术可有效管控地下水中的有机污染物和无机污染物。与传统的针对地下水污染的抽出处理技术相比，可渗透反应墙技术不需要额外动力，而是通过地下水流天然的水力梯度作用使其流经墙面，因此性价比更高[1,7-11]。可渗透反应墙位于地下，施工后的地上部分仍能用于商业开发或其他目的，对污染场地的再利用和再开发影响不大[12-14]。但与其他风险管控技术相似，可渗透反应墙技术的长期表现还需更多的应用效果与数据验证。

可渗透反应墙技术的应用可追溯到 20 世纪 70 年代。当时墙体以石灰为主要的反应材料，主要针对矿山地区大量的酸性污水[15]。20 世纪 90 年代，加拿大学者发现零价铁材料能应用于可渗透反应墙并有效去除卤化有机污染物[15]。随后零价铁可渗透反应墙被广泛应用于卤化有机污染地下水地区（如加拿大和美国）[16-20]。随后，零价铁可渗透反应墙的应用又扩展到重金属（如六价铬）和放射性污染（如铀）地下水的管控中[18,21,22]。随着技术的发展，目前可渗透反应墙中反应材料的使用已扩展到活性炭、生物炭、零价铁、沸石、微生物碳源、人工合成纳米材料、改性材料、复配材料等[1,5,7-10,23-27]。总体而言，反应材料的选取应遵循以下几个条件[1,7,8,11,15,28-30]：

① 能有效清除污染组分；

② 能在处理区大量获得，以确保长期供应；

③ 材料本身不产生二次污染；

④ 渗透系数是含水层的 2 倍以上。

针对不同的污染实际情况，可渗透反应墙主要有连续反应墙和漏斗-通道系统两种形式[1,15,30-33]（图 3-1）。前者是在污染区的下游修建一个连续的反应墙，该墙能够控制整个污染羽流，原位反应墙必须足够大以确保整个羽体都通过反应墙。如果羽体过大，修建连续反应墙成本太高，可以通过泥浆墙配合反应墙达到治理效果，这就是漏斗-通道系统。该系统通过低渗透的泥浆墙在两侧"堵住"污染羽，使其从中间高渗透的反应墙通过。

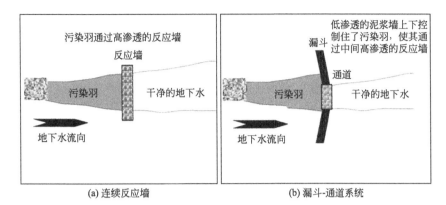

图 3-1　可渗透反应墙的两种形式[34]

由于研究起步较早，国际上 PRB 技术在土壤和地下水治理中作为一种风险管控的技术已有不少应用实例[32,35]。国内针对 PRB 技术的实验室研究以及部分中试规模的应用已经取得不错的进展，但土壤治理市场 PRB 技术的应用占比尚不明显[36]。鉴于国外经验，PRB 技术在污染土壤和地下水风险管控中具有较好的应用前景。因此，有必要通过学习和借鉴国外在这方面的案例经验，为 PRB 技术在我国土壤和地下水污染防治中的应用提供参考。

本章重点介绍美国蒙大拿州东海伦娜场地可渗透反应墙管控案例[34,37-41]、英国诺森伯兰郡希尔伯特矸石堆场地可渗透反应墙管控案例[42-46]、英国贝尔法斯特市蒙克斯敦场地可渗透反应墙管控案例[47-53]。前两个分别为金属冶炼场地和矿山场地，使用连续反应墙技术；第三个为电子制造场地，使用漏斗-通道系统。场地类型在我国污染场地中具有普遍代表性，案例经验对我国同类污染治理和风险管控具有重要参考价值。

3.2　美国蒙大拿州东海伦娜场地可渗透反应墙管控案例分析

3.2.1　案例背景介绍

东海伦娜（East Helena）场地位于美国蒙大拿州（Montana）路易斯和克拉克县（Lewis and Clark）境内的东海伦娜（East Helena）小镇。该场地主要经营铅冶炼，同时还回收锌等其他金属。从 19 世纪 80 年代末到 21 世纪初，东海伦娜冶炼厂的运营时间超过 100 年。美国冶炼和精炼公司（American Smelting and Refining Company，ASARCO）于 1899 年从海伦娜和利文斯顿铅冶炼公司（Helena and Livingston Lead Smelting Company）购买了 160acre 的场地。数十年来铅锌冶炼导致铅、砷、铜、锌、镉和其他 15 种有害物质在土壤、地表和地下水中积累，该场地的冶炼业务一直持续到 2001 年，此后 ASARCO 将冶炼厂置于"无限期关闭状态"。

ASARCO 于 2005 年 8 月申请破产。2009 年 6 月 5 日，法院批准了关于蒙大拿州场地的同意令和和解协议。和解协议规定将以前拥有的 ASARCO 财产转让给信托托管受托人管理。2009 年 12 月，该冶炼厂的产权从 ASARCO 转移到 METG 公司，成为蒙大拿州环境信托基金会（Custodial Trust）的信托受托人。

该场地 1984 年被列入国家优控名录（National Priorities List，NPL）。2005 年，该场地开始安装零价铁可渗透反应墙处理 As 污染地下水。管控整体取得积极效果，地下水中 As 浓度从 20mg/L 经过可渗透反应墙后降低到 0.01mg/L[34,37-41]。

3.2.2 场地情况

该场地位于蒙大拿州路易斯和克拉克县的东海伦娜，距蒙大拿州海伦娜以东约 3mile（图 3-2）。这座占地 140acre 的旧冶炼厂主要位于仙人球溪（Prickly Pear Creek，PPC）冲积平原上。场地南部边界与两个湖泊接壤，东部与北部边界和冲击平原接壤。高地或山麓毗邻该场地的西部和西南部。12 号州际公路和 American Cheriiet（金属的化学品制造商）在北部与其接壤。东海伦娜城镇位于该场地以北。

(1) 场地地质条件

海伦娜谷是一个以沉积、变质和火成岩为界的山间盆地。山谷的底部是一系列分层的沉积物，这些沉积物在深度上没有明显的变化。在新生代第四纪期间，包括 Prickly Pear Creek 在内的溪流在河谷中部大部分地区的河床填充和冲积平原环境中留下了沉积物。在更新世时期，该场地附近山谷的地质也受到冰川的影响。Prickly Pear Creek 上游的高山冰川通过春季融化和冰川湖的排水增加了溪流，从而增加了小溪的粗泥沙负荷。山谷填充含水层系统的浅层部分积累了鹅卵石、砾石和砂子的透镜体层与淤泥和黏土层的复杂系统。该层序在山谷主要为鹅卵石、砾石和粗砂，在山谷北部的海伦娜湖附近主要为砂子、淤泥和黏土。工厂许多地方的表层为堆砌冶炼厂尾矿。围绕该厂区北部、南部和东部边缘的天然地质材料为河道沉

图 3-2　蒙大拿州 ASARCO 东海伦娜冶炼厂场地卫星截图[38]

积物，这些沉积物经过适当分类，主要为砂卵石、卵石、砾石等。根据在 PRB 区域的井中连续进行采样而获得的地质勘探结果，浅层含水层粒度相对较粗但变化较大，由未固结的冲积沉积物组成，包含卵石、砾石、砂子和一些淤泥的混合物。细粒物质，或称为火山灰沉积物，位于该区域的浅层含水层之下。

（2）场地气象条件

海伦娜谷的气候是半干旱的，该地区附近的平均年降水量在 10~12in（254~304.8mm）之间。春/夏季末期的降雨量通常最高，而秋季和冬季月份的降雨量最低。Prickly Pear 小溪位于冶炼厂场地的东部，为南部场地边界的北部湖泊供水，是流入山谷的四股主要水流中最大的一条。1990~1991 年美国地质调查局进行的水文研究中，Prickly Pear 小溪的水流在 5~6 月最高，在 12~1 月最低。1990~1991 年研究得出的海伦娜谷含水层系统补给的主要来源是溪流入渗、灌溉入渗以及基岩周围裂缝的入渗。该场地的地下水从该设施西北方向流向东海伦娜。

（3）场地污染现状

地下水中的砷污染来自多个已确定的污染源区域。场地内的残渣处理区附近富含砷。冶炼残渣是铅冶炼过程中产生的最轻的熔融相，具备富含砷的特征，偶尔富含锑。其他污染源包括湖泊和前部含酸车间沉积物干燥地区。在工厂现场以及工厂现场水力下降的区域中，地下水中的砷浓度超过了 0.01mg/L 的最大浓度限值 (MCL)。最高浓度处在冶炼残渣处理区、酸车间和前部酸车间沉淀干燥区。

EPA 和蒙大拿州在 1969～1983 年之间进行的调查发现，东海伦娜及其周边地区的空气、土壤、地表水和灰尘中的金属含量较高。1975 年，蒙大拿州健康与环境科学部 (Montana Department of Health and Environmental Sciences，MDHES) 和国家疾病预防控制中心 (National Centers for Disease Control and Prevention) 对该地区居民进行了血铅研究；一些地区的儿童血铅水平高于行动水平 (Action Levels)。ASARCO 安装了空气污染控制设备以减少铅排放。路易斯和克拉克县 (县) 卫生部门分别在 1983 年、1987 年和 1988 年完成的血铅研究结果表明，超过血铅标准水平的儿童人数有所下降。EPA 于 1983 年提议将该场地列入超级基金计划的国家优控名录 (NPL)，并于 1984 年将该场地列入 NPL。现场的处理池被确定为地下水污染的主要来源。污染扩展到海伦娜市地下含水层，在地下水检测到的污染物中，砷是地下水系统中最易移动的污染物，并且浓度较高。

1984 年，EPA 为美国熔炼和精炼公司 (ASARCO) 颁发了同意执行命令 (Administrative Order on Consent，AOC)，以完成修复调查 (Remedial Investigation，RI)，调查于 1987 年完成。加工池中的污染物和液体污染了土壤、植物、牲畜、地表水、沉积物和地下水。场地划分为 5 个单元：

① 单元 1-工艺池和液体；

② 单元 2-场地范围内的地下水；

③ 单元 3-地表土壤、地表水、植被、牲畜、鱼类和野生动物以及空气；

④ 单元 4-炉渣堆；

⑤ 单元 5-原矿石储存区。

1988 年，EPA 为 ASARCO 发布了 AOC，以对单元 2～单元 5 进行全面的修复调查、(RI) 可行性研究 (Feasibility Study，FS) 以及风险评估，于 1991 年完成。两个修复调查均表明，冶炼厂附近的污染最严重。在冶炼厂附近的牛的血液中检测到重金属。PPC (Prickly Pear Creek) 地表水中的砷和铅含量较高。1991 年，EPA 和 ASARCO 签署了 AOC，开始了针对铅和砷污染土壤的关键性清除行动。1991 年的 AOC 是这些措施的指导文件。

1998 年，美国司法部发布了《资源保护与恢复法案》(Resource Conservation and Recovery Act，RCRA) 同意令，要求 ASARCO 在 RCRA 授权下解决冶炼厂及其附属设施的重大环境合规问题。RCRA 同意法令并推迟了从超级基金到

RCRA 的单元 1、单元 3、单元 4、单元 5 和现场地下水的修复工作。1998 年 RCRA 同意法令颁布后，EPA 确定了两个修复单元——单元 1 和单元 2。2005 年 至 2009 年，环保署完成了修复调查和人体健康评估。

3.2.3　风险管控方案及目标

EPA 于 1989 年 11 月 22 日签署单元 1 决定记录（Record Of Decision，ROD），以处理加工池和液体，包括下湖区、斯佩斯地区（Speiss Area）和索诺克湖 （Thornock Lake）。EPA 在 1993 年发布了"显著性差异解释（Explanation of Sig-nificant Differences，ESD)"，对某些管控措施组成部分进行了修订。ROD 和 ESD 未包含正式的管控措施目标，但 ROD 指出，对流程池塘处理措施应保证：

① 减轻对公共卫生和环境的主要威胁；

② 防止当前或将来接触受污染的沉积物或土壤；

③ 减少污染物迁移到地下水中。

所选的管控措施对于以下 4 个过程池区域。

(1) 下湖区

① 用两个 100 万加仑（1 加仑≈0.00378m³）的储罐代替下方湖泊；

② 建造一个雨水收集箱，其中包括通过蒙大拿州污染物排放与处理系统 （MPDES）计划向 PFC 排放的允许排放物；

③ 处理湖水并排入仙人球溪（PPC）；

④ 清除并干燥沉淀物，然后将其存储在现场的修复行动管理单元（Corrective Action Management Unit，CAMU)；

⑤ 开挖，干燥并清除下湖的所有淤泥和沉积物后，挖掘上湖和下湖之间的饱和沉积物并进行冶炼；

⑥ 于 1993 年 7 月 1 日前安装监控井，以监控是否符合性能标准。

(2) 造粒池和矿坑

① 挖掘并焚化冶炼附近的土壤；

② 用储罐和二级安全防护设施替换现有的池塘；

③ 用新加衬的设备替换现有的凹陷。

(3) 酸废水处理设施

用闭路过滤处理系统代替沉降式垃圾箱和池塘。

（4）索诺克湖（Thornock Lake）

挖掘并焚化沉积物。

3.2.4 风险管控实施

1990 年 12 月，美国环境保护署（EPA）颁布了一项针对阿萨尔科石油公司（ASARCO）的同意令，以完成单元 1 管控设计和行动。ASARCO 于 1990 年 9 月开始对单元 1 进行管控设计，并于 1992 年 3 月完成了该设计。ASARCO 于 1992 年 3 月开始了管控行动。单元 1 ROD 中确定的区域管控措施于 1998 年 1 月完成。ASARCO 冶炼厂直至 1998 年仍在运行，所有单元 1 管控措施尚未得到充分实施，因此未完成的管控措施被推迟至 RCRA 修复措施。如 1998 RCRA 同意法令所述，监护受托人目前正在进行 RCRA 调查和临时措施（Interim Measures，IMs），以解决单元 1 的其余区域土壤污染问题。

本书总结了为每个工艺池和操作单元1（OU1）中的 RCRA 完成的超级基金（CERCLA）管控措施。

（1）下湖区（Lower Lake）

1989 年，ASARCO 安装了两个钢制储水罐作为过程水的主要存放设施，以防将处理的过程水转移到下方湖泊。1994 年，ASARCO 建造了 HDS 污水处理厂（WTP），处理下湖水以满足 MPDES 的出水要求。将污染最严重的来自下湖的沉积物在压滤机中进行脱水和干燥。在 1994～1997 年之间，ASARCO 焚烧了 27000yd³ 水中的约 4280yd³ 沉积物，储存剩余的沉积物并覆盖土工膜层。2002 年，ASARCO 将它们列在 RCRA 的污染物排放与处理系统（CAMU）中。1997 年，ASARCO 建造了一个雨水收集箱。2014 年 7～10 月期间，METG（公司名）对上湖和下湖及其附近的沉积物进行了管控。1993 年的 ESD 需要加深监测井的水平，以满足监测标准。METG 根据 1993 年"重大差异解释"（ESD）的要求扩展和完善了监测井网络。METG 每年都会评估修复措施实施情况下需要废弃或安装井的位置。对监控井网络的更改记录在"合规性监控计划"的年度修订内容中。作为 RCRA 现场修复措施的一部分，下湖区需要不断脱水以获得沉积物。

（2）造粒池和矿坑（Speiss Area）

1995 年，ASARCO 用钢制储罐代替了池塘。该储罐具有衬管、泄漏检测系统以及辅助围堵和回收功能。1995 年，ASARCO 拆除了斯佩斯造粒坑，挖出了污染土壤至可行的最大深度，而不损害相邻结构的完整性。ASARCO 在现场焚烧了污染土壤。ASARCO 将制粒操作从水制粒改为空气造粒，从而不再产生流体，排除了 ROD 所需的混凝土坑的需要。工厂在 2001 年关闭时即停止了空气造粒法。

（3）酸性废水处理设施

1992 年，ASARCO 用闭路过滤处理系统代替了沉淀的过滤池和池塘。1993 年，ASARCO 拆除了酸性工厂废水处理设施，在现场挖出并焚化了污染土壤。2001 年，除了一个 1250gal 的小型储罐外，排空了其他储酸罐，以提供酸蒸气压。ASARCO 计划通过例行硫酸强度分析（在较低浓度下硫酸更具腐蚀性），在储罐外壁上进行超声波金属厚度测试来确保储罐的完整性。ROD 要求的管控措施全部完成。2016 年 5 月，在原酸工厂进行了进一步的除污。

（4）前索尔诺克湖（Former Thornock Lake）

1991 年，ASARCO 对受污染的沉积物进行了挖掘和处理，并在挖掘区回填了干净的土填料。

本书总结了针对 3 个管控具体措施。

1）厂南水力控制

METG 从 2011 年 11 月～2016 年降低了现场地下水位，以防止源物质接触地下水，清除了威尔逊沟（Wilson Ditch）（2011）的水流，于 2011 年开始对上湖进行排水，并于 2013 年建立了一条临时旁路通道以将 PPC 水流绕过冶炼厂大坝。METG 分别于 2011 年和 2014 年完成上湖和下湖的排水。METG 于 2015 年开始建设新的 Prickly Pear 排水渠，于 2016 年完成，以进一步降低场地地下水位。

2）源头削减

METG 于 2014 年 5 月开始了污染源削减活动，包括排出下湖中剩余水，把它作为园区（Tito Park Area）管控行动的一部分。2014 年 10 月，托管受托人完成了园区（Tito Park Area）、上矿石储藏区、酸性沉积物干燥区和下湖区受污染的土壤和沉积物的治理工作。METG 将在酸性沉积物干燥区泥浆墙内挖出的土壤放在现场的 CAMU 中，以消除该区域洪水造成的潜在淹没和侵蚀风险，并减少 ET 覆盖系统（Evapotranspiration Cover System）的总占地面积。2016 年 6 月完成了另一项清理行动，利用原酸性工厂区工艺用水沉降设施清除了约 $14000yd^3$ 的砷和硒污染土壤，其浓度超过了 EPA 的工业土壤区域筛查水平（RSL），并构成了持续的地下水污染源。该公司正在对西部硒污染源所在地、北部厂区砷污染源和前斯佩斯的浮渣来源 3 个地区进行调查，以确定是否有必要采取其他管控措施。

3）蒸汽屏障系统

METG 拆除建筑物和基础设施之后又分阶段建设蒸汽屏障系统。其在 2013 年 7 月～2013 年 10 月之间完成了拆除活动，2014 年，该公司建造了临时覆盖系统（Interim Cover System，ICS 1）。2015 年，METG 在 ICS 1 上建立了最终屏障系统。2015 年底在设施的东部完成 ICS 2 的建立。用于管理在研究区调整过程中挖掘出的污染土壤。ICS 3 和最终的屏障系统已于 2016 年完成。污水处理站已于 2016 年 8 月完成拆除。

通过观察发现，蒸汽屏障系统上的植被生长旺盛，状况良好。快速融雪使径流在雨水控制中发挥了重要作用。沿屏障边界的斜坡来看是稳定的，具有良好的植被覆盖度，没有可见的侵蚀或脱落。

根据 1991 年的 AOC，ASARCO 承包商于 1991～2011 年 10 月之间对住宅物业实行了重大迁移行动；这些行动涉及 1576 位业主。2013 年 8 月，EPA 资助了 Pacific Western Technologies Ltd（PWT）完成其他已开发的土地（包括合格的居民区、洪水通道和 2009 年之前存在的道路）的风险管控设计和管控措施。PWT 于 2013 年 8 月～2015 年 9 月完成了管控设计。管控工作于 2015 年 10 月开始，2016 年 5 月，对剩余的场地（包括一个住宅区，23 个未铺砌道路和 7 个通道）实施了治理，该管控行动于 2017 年完成。

使用因 ASARCO 破产而建立的 EPA 特殊基金，对 2015～2016 年剩余的 OU2 区域进行了管控治理。将东区占地 225acre 的污染土壤从 OU2 内移除，与不同铅浓度的土壤混合在一起，形成了一个约 12in 厚的土壤层，平均铅浓度低于 1000mg/kg。1993 年将 AOC 的修订应用于东部区域的管理。当前已设围栏和标牌限制对该区域进行访问。2009 年 ROD 指出，将对管控措施产生的污染土壤进行挖掘，并将其运至"EPA 批准的储存库"中。2009 年 ROD 详细介绍了从 1991 年开始实施关键性清除行动以来，如何将东部区域用作污染土壤的储存库。

尽管 ROD 并未将东部区域确定为 EPA 批准的储存库，但指出 1991～1993 年的土地应用示范项目表明，东部区域可能是被用作挖掘的单元 2 土壤的临时存储库。此外，EPA 承包商于 2015 年 4 月制定的管控和维护（Operations and Maintenance，O&M）计划草案概述了东部区域的除尘、交通控制、安全、植被和土壤管理措施。EPA 正在设置更多水井并收集土壤以验证是否将东部区域作为单元 2

土壤的最终储存库。除土壤管控措施外，还成立了专门的社会性组织 LEAP 来实施公共卫生计划为所有东海伦娜居民免费提供血液铅筛查，并向血铅水平升高的儿童提供居家住宅环境评估（例如，院子土壤、室内灰尘、铅基涂料等），以识别血铅水平升高的潜在来源，并开展减少铅暴露的宣传活动。

2001～2012 年，在东海伦娜接受检测的儿童中有 910 名血铅水平超过 10pg/dL（1pg＝10^{-12}g，1dL＝1000mL），EPA 和美国疾病控制与预防中心（CDCP）的血铅水平受到关注。2012 年，CDCP 开始使用 5 pg/dL 的参考浓度值（http://www.cdc.eov/nceh/lead/），这一数值代表了当今美国儿童的 97％血铅水平，并不代表有害影响的水平。从 2005 年至 2012 年，经 LEAP 测试的 403 名儿童中有 12 名儿童的血铅水平为 5～9pg/dL。LEAP 为血铅水平在 5～9pg/dL 的儿童提供了免费的居住环境评估。铅基油漆和异食癖行为（食用大量非食品物质）被确定为血铅水平升高的原因，而非土壤中的铅。LEAP 与这些家庭合作以减轻和减少铅的暴露。迄今为止的科学证据表明，东海伦娜的 LEAP 与公共卫生和公共服务部、医疗补助和应急部门，在识别血铅水平升高的儿童及儿童血铅来源方面取得了巨大成功，并减轻这些儿童在铅中的暴露。

ASARCO 的承包商针对搬迁行动开发了东海伦娜（East Helena）管控数据库，包括 1991～2011 年单元 2 拆除前和拆除后的管控行动信息。自 2011 年以来，EPA 的修复承包商在单元 2 修复完成后对数据库进行了更新和完善。东海伦娜（East Hclena）数据库位于 LEAP 办公室中，用于管理土壤修复进度。管控承包商正在与 EPA、Lewis and Clark 县合作整合地理信息系统（GIS）叠加层并标准化所有单元 2 数据，以便对数据库进行监管访问，并已完成了可供公众查看的地图。

试验性可渗透反应墙安装了零价铁颗粒，长 9.1m（垂直于地下水流量），深 13.7m，宽 1.8～2.4m（平行于地下水流量）。使用生物聚合物淤浆法和改进的挖掘设备进行为期 3d 的反应性屏障的安装。根据长期的实验室色谱柱实验选择完全由粒状铁组成的反应介质。

该沟位于处理区域水力下降约 280m 处，用 7.6m 厚的颗粒铁层（从地面以下 13.7 至地下 6.1m）和 6.1m 厚的沙层（从 0 开始至地面以下 6.1m）覆盖。颗粒状铁质区域的顶部位于场地特征研究期间所观察到的最高地下水水位的 1m 以上处。底部位于粉煤灰凝灰沉积物上方约 1m 处，因此 PRB 是属于"悬挂式反应墙"。这种设置来自研究计划内容，目的是确保在试验系统的构建过程中不会突破下部限制单元，以最大程度地降低成本。PRB 包含约 174t 的粒状铁，初始孔隙率超过 50％。完成粒状铁和砂的回填后，沟槽中零价铁介质的孔腔内有过量的生物聚合物浆料。为了重新建立周围含水层的渗透性并使地下水流通过 PRB，需要将泥浆分解，分解步骤如下：

① 通过将生物聚合物浆液分解为简单的碳水化合物单体；

② 然后激活天然土壤微生物消耗碳水化合物。本项目设置了两个空气提升泵，以从 8 个临时井中提取泥浆，并将泥浆排放到回填物的表面。气提泵的设置允许泥浆从井中循环通过回填层，然后再回到井中，进入反应介质。将浆液体酶破坏剂放入临时孔中，以促进生物聚合物浆液的降解或"分解"，该过程需要 3d 才能完成。

Shaw Environmental 公司根据 EPA 签发的任务分配进行了施工，PRB 位置见图 3-3。在开挖之前，先切割沥青，在当地的卫生垃圾填埋场外处理了约 13yd³ 的沥青。开挖于 2005 年 6 月 4 日开始。使用 Cat 320 光滑铲斗挖掘机对 PRB 沟槽开挖，开挖的前 1m 还使用了带铲子的监事仪，以确保不存在地下公用设施；使用带有约 1m 宽铲斗的长臂挖掘机（Komatsu PC750）完成剩余的挖沟作业，将挖掘的土壤放置在砌好的土壤储存区域中，该区域位于长臂挖掘机可及的范围内。将生物聚合物浆料添加到 PRB 沟槽中，以稳定沟槽壁。在将土壤装载到附有衬里的弃土围堵形成区域之前，应让挖掘土壤中的多余水从挖掘机铲斗溢出回到沟渠中，使用探测电缆进行生物聚合物浆料以下的测量。浆液由瓜尔胶（Rantec G150）、水和添加剂组成，使用 20000gal 的压裂罐临时存储混合的浆料，使用下料装置将零价铁放入沟槽中。该装置由一个连接到漏斗的垂直管组成，漏斗的腿跨过沟槽，从底部或地下 13.7m 至地下 6.1m 将粒状铁回填到沟槽中。粒状铁装在"超级袋"中，每袋重约 3000lb。安装 PRB 前，将超级麻袋存储在 ASARCO 仓库中，安装时将

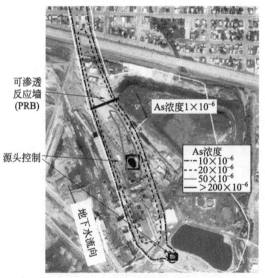

图 3-3　PRB 位置示意图[37]

超级麻袋运到 PRB 所在地。对粒状铁进行调湿，并在回填之前将其与生物聚合物浆液在地面进行混合。将经过混合的零价铁放入下料装置漏斗中，通过下料导管掉落到沟槽底部。装满漏斗管时，需要将其横向移动 3 次并垂直提升漏斗设备，以继续回填。共有 116 个超级麻袋用于回填 PRB 沟槽。然后，将由粗糙的层状砂子组成的材料放入零价铁顶部的沟槽中。安装工作计划要求使用漏斗管系统回填砂土层，以避免分离问题，回填使用了约 228t 粗垫层砂。PRB 安装过程照片见图 3-4。

(a) 长臂挖掘机

(b) 定制铲斗

(c) 含生物聚合物浆料的沟槽

(d) 挖出的材料

(e) 含水层材料挖斗

(f) 沟槽回填

(g) 装有粒状铁的超级麻袋

(h) 施工现场

图 3-4　PRB 安装过程照片[38]

3.2.5　监测与效果评估

安装试点 PRB 前，在现场的选定区域中安装地下水监测井，以进行现场调查分析。安装 PRB 之后，在 PRB 的上部、内部和下部安装了其他的监控井以监控系统的反应和水力性能。使用直接推送方法（Geoprobe Systems）安装 PRB 内的井。大多数井都使用 2.54cm（1in）或 5.08cm（2in）的 40 号 PVC 套管和筛网建造，缝隙尺寸为 0.051cm（0.020in），完井深度在低于地面 7.6～14.6m 之间。此外，还使用 3.175cm（1.25in）三通管安装了 5 个井。整个布设在饱和区其他井中，使用离散多级采样器或专门设计的离散间隔采样器与微型泵结合，可以获得详细的浓度值和地球化学特征值。PRB 以外的井使用气旋钻机或空心钻杆钻机安装。安装在与 PRB 相邻的含水层中的大多数井的结构与 PRB 内 5.08cm ID 井类似。所有的井都是使用抽水和涌动技术开发的。使用 Topcon CTS-2 型全站仪对所有井进行了现有场地范围的井网勘测，附近井的位置数据由 ASARCO 提供。

施工完成 30d 后，于 2005 年 6 月进行第一轮监测。结果显示，可渗透反应墙内地下水中的砷浓度低于 $10\mu g/L$。对 PRB 内的地下水的分析显示了零价铁 PRB 系统典型的 pH 值、氧化还原电位和亚铁浓度的预期趋势。对 PRB 的后期监测持续两年，以确保将其砷浓度降低至接近最大污染物水平（MCL）$10\mu g/L$，并能长期保持。如果成功，PRB 可以再延长 450ft，以捕获 100% 的砷污染羽。试点项目表明，可以采用可变的 PRB 厚度以有效处理污染羽宽度上可变的砷浓度。

3.2.6　案例小结

该中试规模的 PRB 系统，其建设成本约为 325000 美元。无其他额外运营和维护成本。

2005 年春季，在东海伦娜（East Helena）场址建造了一个试点规模的 PRB。由于当地的水文地质特征是地下存在的一些巨石，该场地独特的水文地质和含水层材料的组成，安装前人们曾质疑 PRB 是否可以完整安装。因此施工过程中引入了大型挖掘设备以拆除巨石。

建造 PRB 时，必须考虑地下水流速和污染物浓度的特征。在这种情况下，PRB 应设计为更宽的尺寸，以解决污染羽高砷浓度和高流速的问题。

另外，该示范表明用于保持沟槽敞开的生物聚合物浆料的使用是成功的。

尽管建造时还不能确定系统是否成功，但研究人员希望 PRB 能够控制砷污染羽的迁移。砷污染的处理必须涉及源头控制，而 PRB 只能是管控措施的一部分。现场的源头控制包括抽出处理、隔离/围堵和原位处理，而附加的羽流控制包括抽出处理、空气喷射和监测自然衰减。PRB 本身无法控制源头污染羽的高砷浓度和地下水流速。

3.3　英国诺森伯兰郡希尔伯特矸石堆场地可渗透反应墙管控案例分析

3.3.1　案例背景介绍

采矿工业是英国水体污染的主要来源[42]。英格兰和威尔士环境署在评估时发现有 1800km 的溪流和河流存在污染[42]。另有 9000km² 的地下水体处于"危险"状态。项目开展时期，受采矿相关污染影响的溪流和河流预计在 300~600km[42]。在煤矿区，主要污染物是铁，但铝、锰、硫酸盐和酸也是重要的共污染物质。在金属矿山区域，许多其他金属也可能污染超标；锌、铅和铜是英国境内最主要的金属污染物。矿山引起的土壤和地下水污染有两个关键问题：

① 如果不彻底清除，与矿井有关的金属污染物将持续进入环境中，但即使在金属浓度最高的矿井中，通过彻底清除的方式回收和再利用金属在经济上也不可行；

② 矿山和弃渣堆污染可能会持续数十年甚至几个世纪，且源头控制比较困难。

由于这些问题，与采矿有关的污染治理领域的研究集中在以下两个方面：

① 如何能够防止污染物进入水体环境；

② 能够以最可持续和经济高效的方式完成①。

希尔伯特可渗透反应墙（Shilbottle PRB）是一个较大被动系统的一部分，该被动系统包括氧化池和湿地[42-46]。Shilbottle 系统是英格兰东北部由 6 个被动式矿山和弃渣堆浸液处理系统组成的网络系统之一，这些系统共同组成了 CoSTaR 场地设施（用于目标整治研究的煤矿场）。CoSTaR 设施的目的是使欧洲各地的研究人员能够访问这些场地进行研究调查。

该项目旨在证明被动处理技术在矿山修复中的潜力，以促进 PRB 技术将来在英国乃至欧洲更广泛地使用和推广。欧盟委员会将用于支持国际研究基础设施的资金分配给 CoSTaR，极大地促进了该技术在整个欧盟的传播，并拓宽了研究视角。CoSTaR 项目最重要的研究目标包括：

① 确定影响污染物衰减的各种机制的相对重要性，例如方解石溶解，细菌硫酸盐还原；

② 研究水力状况如何影响 PRB 性能；

③ 向更准确地预测此类系统使用寿命的方向发展。

希望该项目有助于优化 PRB 设计和使用性能，并最终改善矿山土壤和地下水污染被动修复的成本和效益，并推广到其他类似场地。

Shilbottle PRB 是英国第一个专门处理矿山或弃渣堆渗滤液的系统。然而，排水的分散性也带来了特殊挑战，例如如何有效拦截渗滤液等。由于排水的分散性且渗滤液存在于地下的问题，直接测量进出 PRB 的流量是不可行的。同样，也不可能从弃土堆和 PRB、PRB 和沉降泻湖之间的接口处收集水样。因此，对系统性能的详细掌握并不像具有明确定义且入口和出口点可测量的设备那样容易。Shilbottle PRB 是整个 CoSTaR 处理系统中唯一能够影响酸中和和碱度变化的单元，这是修复这种高酸度的渗滤液的关键一环。

3.3.2 场地情况

诺森伯兰郡阿尼克市内的 Shilbottle Colliery 公司从 19 世纪初到 1982 年 10 月一直开展煤炭开采业务。1947 年前，即国有化前，Shilbottle 煤矿以合作社形式进行经营，在全国范围内销售常见的家庭用煤。Shilbottle 的开采煤层在石炭系石灰岩中，直到 1982 年矿井关闭时 Shilbottle 煤矿一直采用单一接缝。然而，尽管在石灰岩中出现了接缝，希尔伯特（Shilbottle）的矸石堆主要包括富含黄铁矿的地层矿物，因此废弃物的中和能力很小，从矸石堆中析出的渗滤液是高度酸性的。

希尔伯特（Shilbottle）矸石堆占地面积约 $15hm^2$（$1hm^2 = 0.01km^2$），英国国家格网编号为 NU 217086，位于希尔伯特（Shilbottle）村东南 2.5km 处，距阿尼克市（Alnwick）约 8km。提洛尔伯恩（Tyelaw Burn）河流从场地的西侧向南北延伸，最终流入矸石堆东南约 2km 的科克河（Coquet River）。

表 3-1 显示了沿矸石堆最南侧监测井内的多次采样结果，Shilbottle 煤矿现场 6 个监测井（BH6～BH1），以及 3 个地下水渗流监测点（GW11～GW9）水化学参数（总浓度）从西向东递减。

表 3-1　Shilbottle 煤矿现场监测结果

项目	BH6	BH5	BH4	BH3	BH2	BH1	GW11	GW10	GW9
pH 值	4.47	3.64	4.00	4.08	4.17	6.32	3.29	3.55	4.17
酸度/(mg/LCaCO$_3$)	742	2048	2557	2908	6342	78	1360	2534	3322
Fe/(mg/L)	92	200	405	599	1136	26	278	452	688
Mn/(mg/L)	68	108	180	205	299	22	165	181	238
Al/(mg/L)	86	267	270	263	678	1.2	97	249	298
SO$_4^{2-}$/(mg/L)	8701	8162	8230	10167	15318	3745	6334	9288	11176

　　地下水中的高浓度污染物使 Shilbottle 场地成为了英国有史以来污染最严重的矸石堆渗滤液污染场地。这种渗滤液被长期排放至附近的提洛尔伯恩（Tyelaw Burn）河，各种金属会以氢氧化物的形式沉淀，例如亮橙色石，白色羟基硫酸铝泡沫和（局部）呈虹彩光泽的锰黑，造成河流污染严重。这些沉淀物不仅外观观感不佳，还会使河床缺氧，影响水底植物的光合作用。同时这些氢氧化物的沉淀释放出的 H$^+$ 会进一步降低河流水体的 pH 值，导致 Tyelaw Burn 河极度不适合正常的水生动物的栖息和植物的生长。因此，Shilbottle 渗滤液不仅会导致该地区严重的生态恶化，影响河流水质，还会产生长期影响，即使渗滤液在 Tyelaw Burn 河和 Coquet 河汇合处下游大量稀释后，影响依然显著。

　　在治理之前，由于沿矸石堆边界的渗流是非常分散的，因此很难测量出流量，但根据估算渗滤液的总流量小于 10L/s。除具有高酸性外，渗滤液中的铁、锰和铝的浓度也创下了英国有史以来最高的矿山或弃渣污染纪录，Tyelaw Burn 河是科奎特河（Stern River）的一个小支流，因废物的排放遭到严重污染。而科奎特河是英国最重要的渔业河流之一，并且在与提洛尔伯恩（Tyelaw Burn）河汇合处下游有重要饮用水取水点，因此这种矸石堆浸液引起了诺森伯兰郡议会和国家环境署的关注。提洛尔伯恩河流排放到东南方 Coquet 河约 3km 的河道内的河水环境质量未能满足地表和地下水的 EA 环境质量标准（详见英国环保署 EQSs，Environmental Quality Standards）。

　　诺森伯兰郡议会（NCC）拥有包括矸石堆在内的 Shilbottle Grange Colliery 公司的产权。该场地最初于 20 世纪 80 年代从原国家煤炭委员会手中获得，目的是为了实现土地复垦，创造一个人工湿地。在 PRB 工程项目开始之前，许多地表复垦已经在 NCC 的监管下进行。早期的矿山复垦包括建造芦苇床，其中最下面的部分是从弃土场排出的部分矿渣。从这片湿地流出的劣质水引起了当地环境署官员的关注，并与NCC了解了排放水的化学性质，特别是铁含量（最后的排水口水质中铁浓度通常超过250mg/L，部分高达500mg/L）和pH值（通常小于3或以下）的改善问题。

在与纽卡斯尔大学的专家协商之后，制定了详细的系统设计方案。NCC负责管理Shilbottle场地PRB和配套储水塘的建设。纽卡斯尔大学负责技术支持。在设计Shilbottle PRB时，环保署没有提供适当的机制对设计文件进行审查和监管，但由于该地区的环境署工作人员在其他采矿废水治理项目中积累了丰富的矿井水的修复经验，因此并未对NCC提出的计划存在异议。NCC发布了详细的设计图纸，邀请感兴趣的承包商投标，并按照既定程序对施工进行了监督。

从原国家煤炭委员会获得该场地后，诺森伯兰郡议会对矸石堆进行了初步的充填，包括成功地利用技术实现废物堆放，重新种植了渣土作为栽培土壤，并建造一系列芦苇床以拦截污染物并改善表面渗滤液的水质。尽管这些措施本身是成功的，但随后的监测显示，Tyelaw Burn污染仍然较为严重。纽卡斯尔大学进行了基于质量平衡的水文研究（Daugherty，1998），结果证明，离开矸石堆的污染物总负荷中约有2/3是通过渗滤液通路的水直接流向地下。因此，Tyelaw Burn完全绕过了处理污染物的芦苇床。因此，矸石堆有必要进一步开垦系统中需要调节pH值，但压头必须等于或低于流入现有芦苇床的水位。

3.3.3 风险管控方案及目标

2002年在Shilbottle启动此项技术示范项目时提出了以下建议及目标：

① 从100多年前大规模采矿开始以来，一直没有将Tyelaw Burn恢复到"良好状态"；

② 项目需证明PRB技术在酸性渗滤液中的适用性；

③ 开发特殊的PRB，可用于解决流体动力和溶质运移问题等；

④ 为2003年欧盟PIRAMID被动处理系统设计和建造提供高质量数据；

⑤ 提供一个复杂的生物地球化学反应器，它将为理科和工程学学生提供多种参考资料。

特别值得注意的是以下几点：

① Tyelaw Burn的环境质量得到了显著改善。如今Tyelaw Burn完全摆脱了

曾经在其整个周期内的"红色"污染困扰，并且场地内锰的含量也实现迄今为止的最低值，从而提高了科克河与伯恩河汇合处取公共饮用水的可持续性；

② PRB 已成为英国应对酸性渗滤液的成功技术之一；

③ PRB 具有明显的优势，具有多个钻孔和多级采样器，可提供有关结构内渗滤液变化的信息。这些数据现在可用于支持长期工程性能的创新系统动力学建模；

④ PIRAMID 指南（PIRAMID 联盟 2003）的编制受益于 Shilbottle PRB 的构建经验以及从处理系统和较早性能数据中获得的建议；

⑤ 迄今为止，基于该系统已产出许多成果，包括纽卡斯尔环境工程专业的学生撰写的 5 篇硕士学位论文和 1 篇博士学位论文；关于表 3-2 对支持这些示范活动的例行采样的最初的建议（2002）及实际取得的成就进行了说明。

表 3-2　Shilbottle PRB 的原始及产出

对进水口、出水口和中间点的水压头进行测量，每小时在选定的监测井中记录一次数据，并在整个矸石堆（污染物源区域）中增加了一些钻孔，从而可以对为 PRB 特定部分供水的特定地下水"流管"进行建模
对现场和 Tyelaw Burn 的池塘和河道测量后发现，整个场地的地表水力梯度非常低，表明它没有像最初预期的那样
在现场收集地表和地下水的常规样品，在不同季节性条件下对 PRB 进行跟踪测试，主要通过对钻孔的漂移和回弹测试来实现，结果和预期不同
定期清除和拆除预包装的填充物和透析管，以揭示组建在不同深度和不同时间的变化
后勤保证问题（设备入场问题，安全部署工作等），在 Bowden Close 进行这项工作

使用 Myron 6P Ultrameter 仪器在现场对 pH 值、氧化还原电势、电导率和温度指标进行分析。使用哈希（Hach）AL-DT 测试试剂盒，用 3.2mol/L 硫酸和溴甲酚绿-甲基红指示剂直接滴定碱度，使用桶和秒表测量流量。将全尺寸系统的水样样品放入酸洗后的聚乙烯（PE）瓶中，并利用纽卡斯尔大学地球化学实验室的电感耦合等离子体发射光谱仪（Inductively coupled plasma-optical emission spectrometry，ICP-OES）对阳离子进行分析，应用标准分析方法和标准化学品进行校准和质量保证/质量控制（QA/QC）。

使用合适长度的管（内径大约为 10mm 的柔性塑料管）对孔隙水压进行测试。在管道的浸没端安装球阀，水在井眼中的水柱内反复向上和向下运动，从而使水沿管道上升。收集样品前，用大约 3 倍体积的管道冲洗管路，以确保在采样前将管路中的所有水排空。

Shilbottle 的矸石堆渗滤液是因为地下扩散流产生的。之前的治理办法是在矸石堆的南端建设好氧湿地。但该系统无法有效处理污染水，因为：

① 大约有 60％的渗滤液会绕过湿地继续污染 Tyelaw Burn 场地；

② 由于好氧的湿地没有产生碱度的能力，所以 pH 值依旧较低，并且金属的自然降解程度会受限。虽然在低 pH 值下，也可通过水解和沉淀去除铁和铝，但速度很慢。因为这些反应释放质子，在没有碱度的情况下会进一步降低 pH 值以缓冲此类反应。

大量的渗滤液绕过系统的原因是地质条件。在矸石堆底部的许多区域中，渗滤液最早出现在 Tyelaw Burn 的临近区域，之后流向该场地的最低处。由于渗滤液仅在 Tyelaw Burn 场内或临近区域的问题比较突出，因此，只需要一种可以拦截和处理通过地下的水替代技术，该技术即可避免用于泵送操作的能量输入，所以 PRB 技术是首选技术。

处理该废物流的具体目标是产生高碱度环境（升高 pH 值）以稳定金属污染物。第一个过程是简单溶解含方解石的材料（其中主要包含石炭系石灰石），该过程将在 pH＜5 时中和酸度，在 pH＞5 时产生碱度，如下式所示[42]：

$$CaCO_3 + 2H^+ \rightleftharpoons Ca^{2+} + H_2O + CO_2$$

$$CaCO_3 + H^+ \rightleftharpoons Ca^{2+} + HCO_3^-$$

但是，仅这种渗滤液与单独的石灰石之间紧密接触可能会导致石灰石迅速被铁和氢氧化铝沉淀物覆盖，并最终导致系统堵塞。通过营造缺氧条件，可在不降低方解石溶解速率的情况下限制沉淀的产生。因此，可将石灰石与有机基质混合，通过微生物呼吸作用迅速消耗溶解氧[42]来营造缺氧条件。在富含碳源的基质中，这些缺氧条件也促进了异化硫酸盐还原的过程，这是基于堆肥效应的矿井弃渣渗滤液被动修复系统中污染物衰减的关键机制。由硫化物矿物的氧化溶解产生的矿井废水的典型特征是硫酸盐浓度升高，而在富含碳的基质中，如果硫酸盐水溶液的浓度大于 $100mg/L$，并且缺少三价铁（通过缺氧条件确保），则硫酸盐还原菌（SRB）可能会寄生。SRB 可消耗填充物中的低碳化合物，使硫酸盐减少。同时产生碳酸氢盐，反应方程式如下，其中 CH_2O 代表低碳化合物：

$$SO_4^{2-} + 2CH_2O \longrightarrow H_2S + 2HCO_3^-$$

异化硫酸盐还原过程中产生的还原性硫化物可能与二价金属离子（如 Fe^{2+}）反应，将这些金属固定为有机基质内的金属硫化物沉淀[42]：

$$Fe^{2+} + H_2S + 2HCO_3^- \longrightarrow FeS(s) + 2H_2O + 2CO_2$$

尽管已知硫酸盐还原法可以固定二价金属，并且这种衰减显然是有利的，但目前尚无法对金属作为单硫化物的去除程度进行预测。PRB 的首要设计理念是最大程度地降低酸度，甚至产生碱。为了确保将金属浓度降低到可接受的水平并回灌 Tyelaw Burn 河流，还需要设计进一步的处理单元。因此，在处理系统设计了沉降池与有氧湿地，并保证通过 PRB 后的废水进入沉降池。矸石堆的渗滤液会从堆内的地下水中流过屏障，随后被迫向上，流过 PRB 下游面上的石砾填充层，并进入沉降池。图 3-5 展示了系统设计概念。

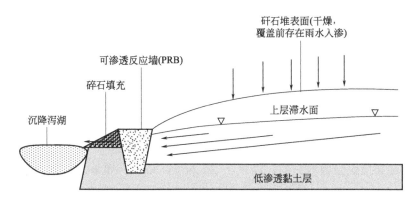

图 3-5　Shilbottle 的 PRB 和沉降池设计概念[42]

经 PRB 处理后，渗滤液将成为碱性溶液，因此，在好氧条件下沉降池中的铁和铝将形成氢氧化物沉淀。这里必须要有过量的碱度以缓冲 Fe^{3+} 和 Al^{3+} 水解产生的酸。

设计中的最后一个步骤是利用场地现有湿地来"净化"沉降池中的废水。尽管该好氧湿地以前没有有效发挥作用，但 PRB 内的碱度生成可确保湿地范围内铁和铝含量进一步减少。

沉降池、净碱矿井水及矸石堆渗滤液的好氧湿地处理得到了广泛应用，它们在很大程度上被认为是"成熟技术"，如设计正确则成功率较高。但这些系统在希尔伯特（Shilbottle）的有效运行必须始终保证从 PRB 接收净碱性水。因此需在 PRB 全面开发之前进行了预实验，这对 PRB 的有效运作至关重要。

这项初步工作的双重目标包括：

① 选择一种填充混合物，以同时激发方解石溶解和异化硫酸盐还原；

② 选择一种既要具有足够的渗透性以允许水通过 PRB 的填充物，同时又要考虑由于沉降和压实过程而导致的渗透性降低的问题。

确定通过矸石堆的主要水流路线是确定 PRB 的位置和尺寸的关键环节，PRB

必须拦截住矸石堆中所有受污染的地下排水（即相对于矸石堆表面的高度、深度和横向范围）。在矸石堆上安装了钻孔网（U1-U6），以表征地下流动路径。矸石堆内存在高于地表的水位，其水力梯度从东向西下降。沿此梯度流动的内部水在流经弃渣材料时会受到污染，最终沿矸石堆的西侧流出。钻孔监测和地面观测的结果表明，污染的渗滤液是从矸石堆西侧边界的侧面发散出来的，因此 PRB 需考虑侧面设计，以拦截所有经过的污染渗滤液。

在现场调查阶段还确定了 Shilbottle 煤矿矿井的渗透性，在矸石堆的边界附近进行恒定排放抽水测试，以计算弃渣的最大渗透率；经计算矿井渗透率为 5.5×10^{-5} m/s（4.76m/d）。根据在加拿大的尼克里姆（Nickel Rim）安装 PRB 的经验，建议 PRB 填充物的渗透率（K）应比周围的矿山废料的渗透率大一个数量级（如在 Shilbottle 案例 $K\geqslant5.5\times10^{-4}$ m/s）。

Amos 和 Younger（2003）报告了一项研究结果[43,44]，该研究旨在鉴定具有适当渗透性和反应性的填充物，以用于 Shilbottle PRB。表 3-3 显示了在这些调查中使用的各种材料组合。这些特定材料的选择部分是基于先前测试的结果（例如 Jarvis 和 Younger，1999），部分基于材料的易获取性和成本。使用恒定头通量计在上流配置中确定各种填充物组合的渗透率，设计实验的方式是在填充物柱的表面加载重物，以模拟填充物在其自身重量下的压缩效果。随后分别通过质量测量和水置换来确定填充物的密度和孔隙率（Amos 和 Younger，2003）。

表 3-3　Shilbottle PRB 建造的供选材料

编号	详情
♯1	50%石灰石碎片,25%泥浆筛分,25%有机堆肥
♯2	75%石灰石碎片,12.5%的泥浆筛分,12.5%有机堆肥
♯3	50%卵石,25%泥浆筛分,25%有机堆肥
♯4	50%石灰石碎片,50%有机堆肥

除了对基质的渗透性进行物理测试外，Amos 和 Younger（2003）还对这些介质进行了反应性测试。对于处理实验，将化学成分与实际矸石堆渗滤液成分（表 3-4）相似的人造矿井水引入到基质中。然后每天抽取水样，间隔 7d；在第 10 天和第 36 天后再次抽取，对关键指标（如 pH 值、Fe、SO_4^{2-}）值进行分析，为各种填充物混合物反应的解释提供基础数据。

表 3-4　Shilbottle 矸石堆中渗滤液化学组分

组分	GW9	GW10	GW11
pH 值	4.17	3.55	3.29
酸度/(mg/L)	3322	2534	1360
Fe/(mg/L)	688	452	278
Mn/(mg/L)	238	181	165
Al/(mg/L)	298	249	97
SO_4^{2-}/(mg/L)	11176	9288	6334

在 Shilbottle 中，PRB 的最佳总体基质混合包括 50% 的石灰石碎屑、25% 的泥浆筛分和 25% 的有机堆肥。该组合是综合考虑了渗透性（无附加质量为 7.2×10^{-3} m/s、在附加质量 39kg 的情况下降低至 6.6×10^{-3} m/s）和反应性的最优解。

Shilbottle 矸石堆的地下水监测结果表明，如果 PRB 要有效拦截所有排水，则 PRB 必须具有相当大的横向范围，平行于矸石堆的西部边界。如前所述，PRB 的建造有两个选择：

① 一个类似于"漏斗和浇口"系统，屏障中的两个不可渗透的分支（"漏斗"）将地下水引向另一个可渗透的反应性"浇口"，所有渗滤液必须通过该通道；

②"连续壁"布置，其中屏障的整个长度包含可渗透的反应性介质。

在这种情况下，选择连续墙系统的原因是：

① 因为需要在该地区建造沉降池，所以在弃渣的边界和 Tyelaw Burn 之间几乎没有多余土地可用。为了满足有效处理所需的停留时间，并且考虑到这些土地面积的局限性，所以漏斗和闸门系统的反应式闸门将无法拓宽。

② 由于 50% 的反应性介质是堆肥材料，它们的成本非常低，所以反应性填充物每单位长度的总成本要比漏斗和浇口配置所需的不可渗透材料（例如黏土）低。

为实现成功修复，在 PRB 中停留足够的时间至关重要。使用各种方法来得出流量的估算值，包括恒定的排放泵测试以及弥散渗流区域上游和下游 Tyelaw Burn 的排放测量。Daugherty（1998）估计平均总流速约为 2.5L/s，最大值约为 10L/s[46]。在确定 PRB 的设计停留时间（进而决定其总体尺寸）时，需考虑以下几个问题：

① 通过方解石溶解产生碱度的最佳时间约 14h；

② 虽然需要尽可能长的停留时间，但必须对此加以调整，以满足成本和土地

供应；

③ 早期 PRB 系统的停留时间在 2～60 天。鉴于这种变化，最好是根据具体情况确定最合适的停留时间。

Shilbottle 的 PRB 最终设计是长 180m，宽 2m，最深 3m 的系统。假设沿 PRB 的长度均匀流入，基板孔隙率约为 30% ［先前由 Amos 和 Younger（2003）确定］，理论停留时间为 10～40h，流速则为 2.5～10L/s。

在选择了合适的 Shilbottle PRB 的填充物成分后（表 3-3 中的 ♯1 填充物组合），英国爆发了口蹄疫（FMD）。由于这一疫情的爆发，不久后，通过筛查发现，PRB 中使用牛粪便是不合适的。因此，考虑用马粪和稻草代替这种材料。设计的第二个变化是在 PRB 的一小段区域（位于南端）使用高炉矿渣，以替代将石灰石作为碱源，这是一种低成本的方法。

3.3.4 风险管控实施

该系统于 2002 年年底完成。PRB 的主要部分沿矸石堆的西侧向北延伸约 140m。另外，另一段长 40m 的 PRB（后续安装）大约沿东西方向延伸，并拦截了矸石堆南部侧面的渗滤液。PRB 的废水主要排放到 3 个沉降池，因此，从沉降池 1 到沉降池 3 的水质预计不会得到改善，从这三个沉降池溢出的水回流到南端已存在的好氧湿地。来自 PRB 新建的 40m 部分的废水直接进入好氧湿地，再从好氧湿地到距沉降池 3 的南部约 200m 处提洛劳伯恩的最终排放点。

Shilbottle 场址的建筑工程于 2002 年 7 月开始，并于 2002 年 9 月完成。建筑工程从 Tyelaw Burn 的车道开始，该车道最初离沉降池太近，以至于无法挖掘 PRB、土石和沉降池。建造 PRB 要先开挖 140m 长沟槽时（在完成沉降池通道之后），该沟渠为矸石堆边界沉降池的开挖提供了条件。由于矸石堆的边界从东向西倾斜，所以东壁的沉降池要高于西壁。由于开挖至少要切入黏土 0.5m，因此应将 PRB 有效地固定在不可渗透层中，除下面的沉降池外，不需要人工衬垫。沿沟渠底部每隔一定距离设置 0.5m 高的堤岸，以防止水沿其长度方向快速迁移；沉降池挖出的沟渠材料可用于该场址其他沉降池的装饰美化工作，如果是次要沉降池污染源的弃渣材料，则应将其放置到许可的废物处理设施中，该设施在治理的早期阶段已保留在沉降池中。

沿沟渠西岸放置一块可渗透的砖瓦护堤，以便渗透水从 PRB 进入沉降池。在渗滤液渗出量特别大的地区，不透水的土工织物衬垫包裹在碎石护堤周围，可确保与反应性填充物的足够接触时间。

使用农用搅拌机混合堆肥和石灰石基质，然后沿其长度方向从北向南回填到沟槽中。在回填填充物的过程中，将 B1~B4 的压强计沿 PRB 的长度方向间隔放置，每个位置的三个深度均放置，以便随后对通过渣体的弃渣渗滤液进行采样。与许多其他 PRB 不同，Shilbottle 的土堆表面没有覆盖黏土层。因为少量雨水的渗入或矸石堆的地表径流不会对 PRB 产生显著影响，PRB 的表面会迅速形成草皮，即使经过数年维护，也很难将 PRB 表面与相邻地面区分开。

沿着场地的原始道路开挖深度为 1~2m 沉降池。因为明渠连接有助于将水从沉降池 3 转移到已有的好（需）氧湿地。

3.3.5　监测与效果评估

PRB（B1~B4）的主要部分含有 4 个压力计，压力计包括三个多级采样管。分别采集 0.3m、1.0m 和 1.9m 深度的水。每个测压计顶端都装在砾石中，以防止存在与 PRB 填充物相关的细小沉积物而造成的堵塞。矸石堆本身有 8 个钻孔，可以评估矸石堆水质的时空非均质性。除了这些地下采样点之外，还需定期从好氧湿地出口的 3 个沉降池、Tyelaw Burn 处理系统下游的废水中收集水样。

在资金、人员数量等可用资源的限制下，每月从钻孔 U1、PRB 中的压力计以及沉淀池、湿地出口和 Tyelaw Burn 中采集地表水。现在按季度间隔对矸石堆中的整个钻孔点进行采样。

矸石堆（U1）中的平均铁浓度为 430mg/L，但浓度变化范围很大（最小＜10mg/L，最大＞800mg/L），这似乎归因于季节的变化，可能是由于稀释作用而导致冬季浓度较低。根据英国气象局记录，2004 年 1 月和 2004 年 2 月初英格兰北部有强降雨（1 月为 145mm）。然而，并不能确定是否仅仅因此类暴风雨而导致 2004年年底矸石堆铁浓度大幅下降，采样或分析误差也不能排除。PRB 本身（B1~B4）采样点中的铁浓度与矸石堆中的铁浓度相似，三个沉降池的出口处记录的最高浓度为 223mg/L，平均浓度为 110mg/L（由于所有 3 个沉降池均直接收集 PRB 排水，没有对沉降池进行比较）。PRB 固定了矸石堆渗滤液中近 50％的铁。矸石堆（U1）比沉降池出口的平均硫酸盐浓度低了 40％以上（约从 8700mg/L 下降至 5000mg/L），这表明细菌硫酸盐还原（Bacterial Sulphate Reduction，BSR）异化反应在 PRB 中是一个非常活跃的过程。在相关文献中，异化 BSR 被认为是减缓 SO_4^{2-} 降解的关键过程[46]。Benner 等在矿井水处理 PRB 研究中，证实了硫酸盐还原菌的种群数量非常高。减少硫酸盐还原菌的数量以及进行硫同位素分析的定量分析是 Shilbottle PRB 未来的研究方向。

通过湿地的铁浓度进一步降低，所以最终流到 Tyelaw Burn 的水中平均铁浓度小于 20mg/L。穿过湿地的铁很可能产生氢氧化铁沉淀，但硫酸盐的存在会使整个湿地中铁的浓度进一步降低（大约从 5000mg/L 降低到 2900mg/L）。自 2 年前投入使用以来，该被动处理系统对铁（PRB）的总体平均去除效率为 95%。

与铁浓度降低一样，矸石堆中的铝浓度变化也很大；通过处理系统，铝的浓度也会大幅降低（U1 为 16～862mg/L）。在 24 个月的监测期内，处理系统平均去除了 87% 的铝。由于铝在湿地环境中不会形成硫化物沉淀，水解过程中一旦 pH 值增加到大约 5 以上，碱度反应便会迅速发生，也是铝最有可能下沉的过程。由于铝的水解不需要氧化步骤，因此 PRB 可以通过氢氧化物和/或羟基硫酸盐的形式[46]很好地固定铝，在 2004 年 2 月和 2004 年 9 月，湿地出口处铝的浓度明显升高（当时去除率分别为 36% 和 18%）。这可能是由于暴风雨冲刷造成的，但需要进一步监控以核实。为了找到这种间歇性去除率下降的原因，在现场安装了连续的水质和流速监测设备。监测期间，矸石堆 U1 点位渗滤液中的锰浓度在 5.4～227mg/L 的范围内。被动处理系统很难去除锰，需要 pH＞8 才能快速去除[46]。Shilbottle 的系统并非专门设计用于去除锰。

被动修复系统对锰的去除机制尚不清楚，鉴于 Shilbottle 系统中渗滤液的 pH 值未达到快速直接化学去除污染物所需的要求，目前推测为化学共沉淀和生物修复过程的组合去除锰。屏障内 pH 值会有所增加，但总体趋势表明，通过系统的平均 pH 值没有明显变化。同样，最小和最大 pH 值清楚地表明，整个系统的测量范围有所增加（某些记录的最低 pH 值和最高 pH 值确实在终点，即排放到河流中）。这种 pH 值变化模式应从两个方面来解释：

① 液体样本分析表明，矸石渗滤液始终具有零碱度，并且 PRB 系统内碱度大幅提高，这是由于方解石溶解和 BSR 发生反应。但是，这种碱度的产生非常不均一，在 B1 的 $CaCO_3$ 平均值为 363mg/L，但在 B4 并没有碱度的提升（表 3-5）。最终结果似乎是，PRB 中碱度的升高不足以缓冲随后在沉降池和湿地中释放的质子，整体 pH 值降低（注意，溶液酸度会随着金属衰减而显著降低）。

表 3-5　Shilbottle PRB 内碱度测试

PRB 位置	均值/(mg/L)	浓度范围/(mg/L)
B1 Med	363	22～600
B2 Med	20	0～110
B3	177	0～442
B4	0	—

② 处理系统下游端 pH 值的较大变化似乎与季节变化有关。在冬季，稀释作用对处理系统的末端 pH 值影响更大，大概是直接沉淀和湿地流向的影响，导致废水中的 pH 值更高；而在干燥的夏季，由于铁的水解和沉淀，质子的释放在接近末端的时候变得更加突出，因此 pH 值下降。

经过处理系统后酸度会持续降低至少一个数量级，由于酸度代表质子酸度和矿物酸度（即可水解金属离子的酸度），因此实际上这比单独的 pH 值指标更重要。在最终排水中铁浓度没有升高的情况下，Tyelaw Burn 中的稀释迅速降低了 pH 值，并且排放点 Tyelaw Burn 下游约 10m 处的采样结果也证实了 pH 值始终＞6。由于高矿物质酸度，低 pH 值的条件会持续存在，尽管有这种迅速的缓冲作用，但英国环境署持续关注的废水本身标准值不能始终满足 pH 值为 5～8 的目标，因此正在研究可能的应对策略（如在最终出口渠道使用碳酸氢钠来调节 pH 值）。从处理系统流出物下游的伯恩（Burn）处采集的样品表明，铁的浓度仅为 2mg/L 左右，并且流出物的碱度得到了很好的缓冲。

3.3.6　案例小结

（1）成本小结

该案例给出了具体的成本情况。因此，在进行案例小结前先对该案例进行了风险管控成本分析。成本问题对于评估任何风险管控措施都至关重要。表 3-6 总结了 Shilbottle PRB 系统的实际和估算的建造和运营成本，以及主动处理系统的成本。主动管控系统的成本估算数据由威尔士蒙茅斯（Unipure）欧洲有限公司的 Chris Bullen 无偿提供。由于被动管控系统依赖于自然发生的化学和生物过程，而这些过程通常比主动管控中发生的反应要慢，总体管控方案的规模通常更大。所以被动处理系统的资本成本（建设费用）可能很高，尤其是土方作业（见表 3-6 中的人工湿地的成本估算）和土地征用的潜在成本较高。

表 3-6　等效技术实际成本对比

项目	被动系统	主动系统
基本建设费用——PRB 和泻湖	78000 英镑①	200000 英镑②
基本建设费用——人工湿地③	200000 英镑	—
运营支出④	7500 英镑/年⑤	44500 英镑/年⑥

① PRB、泻湖沉降及其附属工程的实际建设费用；

② 成本估算由 Unipure 欧洲有限公司提供，基于已集装箱化的高密度污泥（HDS）工厂，包括聚合物加药设备、反应搅拌器、沉淀池耙、回收和剩余污泥处理泵、饮用水和工艺用水泵系统、氢氧化钙储存筒仓、补药和加药系统、鼓风机、排放监控水槽、控制台、控制装置和监控设备。不包括策划和推动工作；

③ 估算使用湿地建设的典型单位成本约为 50 英镑/m²；

④ 不包括污泥处置；

⑤ 基于系统试运行以来的历史和计划运行支出；

⑥ 包括氢氧化钙供应、絮凝剂/聚合物供应、人力、维护和供电。

　　Shilbottle 计划建造在场地上紧邻矸石堆的地方，属于诺森伯兰郡议会所有的土地。一般情况下此类土地的指示性成本为每英亩 500 英镑，而且很少有其他用途。但由于管控倡议是由诺森伯兰郡议会推动的，因此没有土地征用成本。由于 Shilbottle 计划的总占地面积约为 9000m²，因此估计的土地购买成本约为 1100 英镑。如本报告所述，处理系统利用了现场已有的大量好氧湿地（约 4000m²），为了可以进行比较，表 3-6 给出了湿地建设的成本估算。

　　准确预测被动管控系统的寿命非常困难，因此要预测生命周期成本也比较困难。早期建模结果表明，Shilbottle PRB 的寿命将受可用性有机碳控制，预估寿命为 40 年。Quaking Houses 湿地为英国第一个用于修复酸性弃油排水的被动修复系统。决定 Quaking Houses 系统寿命的主要因素实际上是系统中植物残体的积累。Shilbottle PRB 和沉降池未种植植物，预计不会出现植物残体积累的问题。但为了对 Shilbottle 被动管控和主动管控的预期生命周期成本进行比较，并且与在 CL：AIRE（Contaminated Land：Applications in Real Environments）中报道的类似评估相一致，表 3-7 内的评估数据是基于 10 年的使用寿命获取的。

　　尽管在 Shilbottle 建造被动系统的绝对资金成本高于等效的主动系统，但表 3-7 却表明主动系统的运营成本明显较高，这意味着从长远来看被动系统的成本更有优势。应当注意的是，主动处理系统的设计是基于最终污染金属离子浓度（＜1mg/L）。Shilbottle 的被动系统无法实现如此低的残留金属浓度，并且可以肯定的情况是，采用主动处理系统可以实现更紧密的过程控制，在必须满足非常严格的监管条件的情况下，或者确实在土地可利用性受到限制和/或土地成本很高的情况下，主动处理可能会成为首选。

表 3-7　现有全尺寸两类系统的全生命周期估算成本

周期	被动系统/英镑	主动系统/英镑
第一个生命周期(10 年)①	353000	645000
第二个生命周期(20 年)②	428000	1090000
每一个额外的生命周期②	75000	445000

① 不包括现场勘察、策划及推动工作；

② 包括基质/污泥处理费用。污泥处理费用的支出可能是整个运营费用中占比重要的一个部分。主动处理系统的设计者很少会对处理污泥的处置费用做出先验判断，因为即使微量的某些元素也可能使处置费用增加一个数量级（实验室和试点研究通常会先于这种估算）。出于比较的目的，目前估计，处置 Shilbottle 系统中基质成本大约为 50000 英镑，对于等量级的主动处理系统这是一笔最大额度的处置费用（基于煤炭管理局的 Horden 处理系统的费用）。

　　然而，这些评估结果清楚地证明了长期管控期内被动管控系统潜在便利益处之外的经济优势。但表 3-7 中的成本是基于粗略估算得出的，因此应谨慎使用。同时应该强调的是，Shilbottle 项目的目标之一是要更多地了解被动管控系统的长期性能和使用寿命。

（2）案例小结

　　自安装以来对 Shilbottle PRB 的监测结果表明，这种新颖的被动处理技术在强酸性矿山地下水的修复中的应用是成功的。富含金属的弃渣堆渗滤液中铁和铝的浓度减少了超过 90％，并且通过处理系统的酸浓度降低 80％。除 PRB 本身的成功外，土地所有者、监管机构、研究科学家和工程师之间的合作也有效地提高了技术的可行性。Shilbottle PRB 建成后成了来自欧洲各地的研究访问者感兴趣的研究场地，吸引了许多研究者多次前往现场进行研究。主要研究领域包括：确定细菌的作用；研究碱还原过程中硫酸盐还原（BSR）和方解石的溶解；PRB 的液压系统以确定如何使 PRB 的某些部分更有效地工作，检查系统中的碳和硫循环以预测 PRB 的使用寿命。

　　Shilbottle PRB 技术示范项目展示了管控酸性和处理金属渗滤液的优势。尽管如此，它也有其局限性。即使使用了大量的碱性材料，高酸性的渗滤液通过 PRB 后仍然是显酸性的。安装一个厌氧/好氧反应器系统可以完全克服这一问题，但这需要的土地面积和场地救济（即可利用的液压头）远远超过了现有的场地。与主动和被动处理系统（主动或被动）一样，PRB 会产生大量需要处理的固体废物。目前，有效的处置方案仅限于永久浸没或干燥包埋。在这种情况下，干燥包埋没有问题，因为该场地具有许可的废物处理设施。在其他场地，可能并不具备废物处理设施和条件，因此需要对固体废弃物的长期处置进行仔细的规划。

将 Shilbottle PRB 不经过任何改动推广到其他类似场地是完全可行的。但是，通过改进反应材料，PRB 的性能可以获得进一步的提升。高炉炉渣和石灰石碎石的性能差别很小，因此价格是在两者之间做出选择的决定因素。关于底物的有机成分，现在研究很清楚，通过指定更精炼的碳源可以提高其反应活性，在木质素纤维素降解剂释放短链酸之前，对木质素纤维素降解剂要尽可能减少扰动，而短链酸是还原铁和硫细菌的首选代谢产物。这是一个活跃的研究领域，通过蒸汽高压釜处理城市垃圾，并以适中的价格获得大量纤维素。此工艺有待进一步的试验，但这种类型的开发提供了确定碳馏分的可能性，该碳馏分的效果远比迄今使用的典型马粪/秸秆/堆肥混合物更好。

3.4 英国贝尔法斯特市蒙克斯敦场地可渗透反应墙管控案例分析

3.4.1 案例背景介绍

20 世纪 90 年代初期，Nortel 公司购买了蒙克斯敦（Monkstown）场地。Nortel 是一家跨国电信公司，开发和制造电信组件和互联网访问系统。Monkstown 场地自 1962 年以来一直在生产和组装电子设备。从 1962 年到 1985 年开始制造印刷电路板并组装机电开关设备。1985 年，工厂的运营转向电话、交换站、传真机和各种电子组件的制造。该场地占地约 $15 \times 10^4 \, m^2$，由 5 座大型建筑物组成，建筑物约占场地面积的 1/2。其余区域包括道路、停车场和运动场。该场地的南部和西部被住宅区域包围，北部和东部被工业区域包围。该地区的工业包括一个公共汽车仓库和一个已建造的水泥厂。

该案例使用漏斗-通道系统 PRB 技术，其中泥浆墙（垂直阻隔）控制地下水流向 PRB，用 PRB 对地下水进行处理[48,51]。如前所述，漏斗 PRB 技术是一种比较常见的风险管控手段，主要针对污染羽较宽的情况，既可以节约 PRB 成本（不用太长），又可以有效实现管控目的，在国外已经有较多的工程案例，对我国具有重要学习和参考价值。

3.4.2 场地情况

（1）地形地质

1993 年的地形数据显示，该场地位于贝尔法斯特湖的西北侧约 1.6km 处，场地区域最大高程差为 3m 且从西向东递减。场地区域年降雨量约为 1000～1200mm。该场地的大部分区域被低渗透的建筑和停车场覆盖，地表径流通过油/水分排水管排入当地河流。

（2）地质材料

拟开挖可渗透反应墙（PRB）周围是复杂的黏土沉积物和不连续的粗粒透镜体，主要是粉砂、砂粒和砾石，主要在地表以下 0.45～7.82m 处；再下面是麦西亚（Mercia）泥岩层。这些透镜体使污染物从源头向 PRB 透镜体的方向迁移，从而形成细长且小的无侧限的浅层含水层。该区域挥发性有机化合物（VOCs）浓度最高，主要是三氯乙烯（TCE）。

在场地区域内，下伏的基岩由三叠纪的细-粗舍伍德砂岩组成。现场的基岩深度未确定，但钻孔证实了表层沉积物深度达 18m 以上，最上层沉积物为 0.1～1.1m 的人为土。沉积物包含复杂的、连续的、偏硬的红棕黏土层，并夹杂着不连续的粉砂、砂粒、砾石和泥炭透镜体。场地内各土层的厚度变化很大，除停车场的东侧边界外，从地下 10m 往上形成一个连续土层，其中黏土层占 7.5～9.2m。地下 10m 到地下 10.3m 的深度主要为硬质/黏质粉土。在场地的东北角，与 PRB 相邻的区域，黏土层的厚度通常小于 0.5m 或完全不存在。在其他区域，黏土层的厚度通常为 3～5m。该区域的地层介质粒度较粗且质地不均。从地层剖面看，这些较粗的地质材料的透镜体呈现出向南和向西变薄的趋势，而在北部和东部，它们的变化不明确。

（3）水文情况

沉积物透镜体的不连续性分布形成了复杂、浅层、无限制的含水层系统，地下水位的深度在 0.45～7.82m 之间（指定井中的水位在 1994 年 3 月和 5 月测得）。

电位计表面反映了该场地复杂的地质情况和人为影响（建筑物覆盖、排水系统、地下电缆管道、道路等），总体来说，该区域地下水总体较浅，流向为东偏东北。三个井中土样的渗透系数表明土壤质地各不相同，包括砂质黏土、黏土和粗质粉砂。渗透系数测试使用的是变水头渗透试验。测得的渗透系数在粗质粉砂中为 3×10^{-6} m/s，在黏土中为 5×10^{-9} m/s。在修复区域较靠前的监测井以"碳酸氢钙-硫酸盐"水为主，某些井中的镁、钠和氯含量较高。

场地水文情况最初是通过 FLOWPATH 软件使用粒子跟踪模拟的，以展示 PRB 设计的拦截区域。假设没有污染物滞留，远离 PRB 区域的地下水流量流速即污染物迁移速率约为 5.5×10^{-2} m/d。整个 PRB 的水头差约为 0.1m，PRB 内部的平均地下水流速（使用达西定律计算）约为 1.2m/d，保守估计的溶质停留时间约为 6d。但是，对 PRB 反应器内水位的监测表明，穿过反应器的地下水有周期性的变化，因此难以对流经 PRB 反应器的地下水进行量化。按照场地排污标准，污染物经过 PRB 后的设计浓度为 $10\mu g/L$（假设流速为 5m³/d，停留 12h）。

(4) 场地调查

场地调查是由 WESA 和高达集团（Golder Associates）进行的。WESA 于 1993 年进行的场地调查涉及 22 个钻孔，并且都安装了用于地下水监测的压力计。采用 HNu HW 101（11.7eV）光电离检测器（PID）和 40 多种气体监测仪 Neotronics EXOTOX 在钻探过程中连续监测钻孔顶部的工人工作空间的空气质量水平。在钻探过程中收集的土壤样品使用 PID 进行现场检测，然后再运送到实验室进行分析。地下水样品的采集使用安装在监测井中的专用止回阀和管道。1994 年 Golder 的场地调查涉及土壤气体，在 7～10m 深度钻孔，在钻孔中安装压力计并收集地下水样品，还对 WESA 钻孔中的地下水进行了重新采样。场地调查中安装了 33 个用于采集土壤气体的浅孔，深度最大为 1.5m。使用由 Foxboro Instruments 制造的带有火焰离子化检测器（FID）的 OVA 128 GC 型便携式气相色谱仪（GC）来测量土壤中 VOCs 的浓度。从 Golder 安装的 14 个钻孔中每隔 1m 采集土壤样品。使用 OVA 128 GC 在现场进行顶空分析，而含有高浓度挥发性有机化合物的样品被送到实验室分析。使用专用的止回阀采样系统收集地下水样品，该系统由一个 25mm 的特氟隆底阀和一个 21mm 内径的聚乙烯管组成，从每个钻孔中清除三个钻孔体积的水。在那些恢复非常缓慢的钻井中，将钻井水排干后收集新鲜的补给样品。

（5）现场采样的质量保证与质量控制（QA/QC）

Golder 进行的现场采样符合当时英国行业的最高标准。在场地调查期间，所有用于钻井和取样的设备在使用前均经过了蒸汽清洁，以防止交叉污染。钻井过程中无需加水，如有必要仅使用少量植物油来润滑设备。蒸汽清洁是在远离钻孔区域的指定区域进行的。蒸汽清洁使用饮用水，在清洁期间将非磷酸盐清洁剂添加到水中，随后将设备放在饮用水中冲洗。将所有洗涤水收集在带衬里的水箱中，并在排放前进行污染物分析。土壤和地下水样品存放在实验室提供的干净容器中。现场工作人员佩戴一次性塑料手套收集样品，并通过用饮用水冲洗手套来防止样品之间的交叉污染。采样后，样品被转移到隔热容器中并用冰袋冷藏，所有样品在收集后的24h 内需运送到实验室。每 50 个土壤样品至少一个样品和每 20 个地下水样品至少一个样品作为平行样品。对地下水的所有重复分析结果误差均在 10% 以内。实验室也提供了运输过程的空白样（包含去离子水）作为验证。

（6）土壤污染

土壤中三氯乙烯（TCE）、二氯甲烷（DCM）、甲乙酮（MEK）、丙酮和四氯乙烯（PCE）的浓度最高，分别为 0.3~1000μg/kg、1~1300μg/kg、8~15000μg/kg、31~4900μg/kg 和 0.2~11μg/kg。VOCs 的浓度范围为 16.3~17561μg/kg。TCE、DCM 和 PCE 的水平超过了荷兰修复标准所规定的风险管控目标值，但低于荷兰规定的干预值；荷兰没有关于 MEK 或丙酮的标准；重金属浓度低于目标值。VOCs 最高浓度在 GA7 井 5m 深度处、GA11 井的 6m 深度处、GA13 井的 6m 和 8m 深度处。GA7 的样品取自砂质黏土，而 GA11 和 GA13 的样品则取自较粗粒的地层，如粉砂、砂粒和砾石。

（7）地下水污染

地下水中的 VOC 浓度较高。根据荷兰干预值，仅 TCE 和 PCE 超标，其他含量较高的有机污染物包括 1,1,2-三氯乙烷（1,1,2-TCA）、DCM、氯甲烷、甲基异丁基酮（MIBK）、甲乙酮（MEK）、丙酮和甲苯。TCE 的最高浓度比其他污染物高几个数量级，GA7 中的浓度为 30000μg/L、GA13 中的浓度为 43000μg/L、GA11 中的浓度为 69000μg/L、BH19 中的浓度为 250000μg/L、GA19 中的浓度为 390000μg/L。BH19 和 GA19 中 TCE 的浓度约为 TCE 溶解度的 20%~30%，表明存在游离相 TCE。TCE 水平高的原因与以前在停车场存放滚筒有关。二氯乙烯（DCE）浓度很低，GA11 中为 38μg/L，BH21 中为 2μg/L；氯乙烯（VC）浓度也很低，BH21 中为 8μg/L，GA9 中为 0.1μg/L，这表明该场地氯化物的微生物自然降解有限。除 GA7、GA11、GA13 和 BH19 中的丙酮和 MEK 外，其他溶剂的浓度通常小于 100μg/L。GA7 取样点在砂质黏土处，而 GA11、GA13 和 BH19 取样点在粗砂和砾石处。

（8）管理的批准与生效

场地调查和治理由 Nortel 主动负责，并未受到法规要求。尽管已在现场确认了地下水污染，但在施工之时，尚无监管要求需采取治理措施。负责北爱尔兰环境监管的环境部门了解了该场地的调查结果以及 Nortel 公司打算进行修复的意愿。

（9）工作计划

Golder Associates 和凯勒地面工程有限公司（Keller Ground Engineering Ltd.）共同制定了安装 PRB 的工作计划，其中包括具体的方法说明。工作计划的制定比较详细，以避免在安装过程中发生问题。PRB 安装的确切顺序是工作计划的重点，因为在灌浆"凝固"之前将灌浆注入模具的时间很短。

3.4.3 风险管控方案及目标

使用长 100cm 和直径 3.8cm 的 Plexiglass™柱进行实验研究。沿着每个柱的长度方向设置 7 个采样口，这些采样口分别距进样阀 5cm、10cm、20cm、30cm、40cm、60cm 和 80cm。填充材料之前先用二氧化碳冲洗柱子以避免空气夹带，然后用蒸馏水冲洗。将现场采集到的地下水从聚四氟乙烯袋中引入，并泵入柱底进水端。随时间定期对反应柱进行采样，直到达到稳态浓度曲线。从每个采样口收集 1.5mL 或 2.0mL 样品，并测试卤代和非卤代挥发性有机化合物，氧化还原电势和 pH 值。还从进水溶液和出水溢流瓶中获取样品，并测试了相同的分析物和无机成分。在研究中使用的液体流速为 109cm/d 和 54cm/d。

使用戊烷萃取法和配备有电子捕获检测器的气相色谱仪对挥发性较低的卤代有机化合物进行分析。使用顶空分析和配备光电离检测器的气相色谱仪分析挥发性较高的卤代有机化合物。使用配备有火焰离子化检测器的气相色谱仪分析非卤代有机化合物。使用 US EPA 的"方法检测限"确定所有化合物的检测限。使用 Ag/AgCl 参比电极和测量仪确定氧化还原电势。使用 pH 值/参比电极和仪表测量 pH 值。通过原子吸收分光光度法对钠（Na^+）、镁（Mg^{2+}）、钙（Ca^{2+}）、钾（K^+）、总溶解相铁（Fe）和锰（Mn）进行阳离子分析。通过离子色谱法对氯离子

（Cl^-）、硫酸根（SO_4^{2-}）和硝酸根（NO_3^-）等阴离子进行了分析。碱度用滴定法测得，溶解氧用改良的 Winkler 滴定法测得。

TCE 的降解非常迅速，其半衰期为 1.2～3.7h，但它生成 c-DCE 作为降解中间产物，c-DCE/MEK 的半衰期为 12～24h。因此，c-DCE 是 PRB 系统设计中关键考虑的化合物。尽管碱度的损失很大，钙的浓度也几乎没有下降，由于水的氧化和高浓度的三氯乙烯，溶解的铁浓度显著增加。pH 值的降低和碱度的下降归因于菱铁矿（$FeCO_3$）的沉淀。柱测试表明，由于 PRB 中会产生大量菱铁矿和氧化铁的沉淀，因此下游会形成大量呈羽状分布的溶解铁。

可渗透性反应性墙（PRB）位于饱和区（含水层）中，用于对流经地下水的污染物进行去除的工程处理区。因此，PRB 的安装应垂直于地下水流的方向，并且可以根据要处理的污染物、需要治理的区域布局以及土地使用者的要求，以不同的方式进行设计。在 PRB 的反应区内使用不同的反应介质，可以处理各种不同的地下水污染物。最常用的反应介质包括零价铁和缓释底物，以促进微生物降解，也可以使用吸附剂。可以处理的污染物类型包括有机卤素化合物（例如三氯乙烯和其他氯化溶剂）、石油烃、重金属（例如六价铬）、放射性核素（例如铀）、阴离子（例如硝酸盐）和酸性矿井水或弃水。反应区中涉及的机制可能包括化学氧化/还原反应、沉淀、吸附、固定和生物降解等过程。PRB 设计还可能包含其他措施以提高水力或处理效率，例如砾石沟、提取井眼和反应容器等。相关部门于 2002 年发布了有关 PRB 设计、建造、运行和监测的指南，作为对受污染地下水的风险管控策略的指导。

可使用零价铁柱子（长 100cm，直径 3.8cm）对现场地下水进行探索性试验，以辅助 PRB 的设计。零价铁的尺寸范围为 0.57～2mm。因该系统的 pH 值较低，并且大量 TCE 存在使得铁容易被地下水氧化形成菱铁矿（$FeCO_3$）。由于矿物的沉淀和反应区入口的堵塞且水流的流向是向下的，因此任何矿物沉淀都会在反应区的入口（顶部）发生，并且很容易提取。初步的柱实验表明，可能会生成 $FeCO_3$、$CaCO_3$ 和 FeS 沉淀，这在零价铁 PRB 中是比较常见的。Monkstown 的 PRB 是基于此研究而设计的，Monkstown 零价铁 PRB 还具有垂直流设计。PRB 的垂直流设计具有以下特点：

① 在零价铁中获得更大的路径长度，同时 PRB 不会破坏道路；

② 污染地下水在 PRB 内的停留时间更长，并且均匀地流过反应区；

③ PRB 被密封在隔离墙中，从而不用形成新的垂直流动路径；

④ 更加可控地监测环境，以评估 PRB 系统的性能。

3.4.4　风险管控实施

基于现场勘察和建模分析，决定将 PRB 放置在东部停车场的边界。根据场地排放标准，经过 PRB 污染物的流量应不低于 $5m^3/d$，TCE 浓度不低于 $10\mu g/L$。PRB 中的污染物停留时间设计为至少 12h。水泥膨润土墙提供低渗透性且高性价比的反应屏障，并将地下水引向活性零价铁颗粒。开挖时，活性零价铁装在垂直排列的钢制容器中，该容器可下放至水泥膨润土浆液中。PRB 设计还考虑了以下问题。

① 污染源区靠近一条公共道路。垂直流设计尽量应在不破坏道路的情况下在零价铁中的流经长度最大。

② 污染源区的土质差异性大。地下水流过污染源区时，不同区域的流速不同，高流速地区会导致污染源在 PRB 里的短时间停留和低效处理。Monkstown 通过设计保证了地下水在 PRB 里的均匀流通。

③ 如果 PRB 没有完全起效，可能反而会将上层的污染物带到下层未受污染的区域。场地的主要地下水流在无侧限含水层中。地下水层的预期饱和厚度很小，因此需要一个薄且长的反应池。在反应池内使用垂直流动路径，可使 PRB 密封在隔离墙中，而不会在地面上形成新的垂直流动路径。

④ 垂直设计需要使用更易控制的监视系统，通过该系统可以评估系统的性能。

隔离墙是在 1995 年 11 月～1996 年 2 月之间使用水泥膨润土泥浆技术建造的。使用改进的履带式反铲挖土机进行挖掘，该挖土机具有延伸的动臂，开挖该沟至地面以下 12m 的深度和 0.6m 的宽度。可渗透墙的渗透性按照岩土技术规范设计，渗透系数设置为 $1\times10^{-9}m/s$，该值是通过在实验室对水泥膨润土的渗透率测试（90d）获得的。在制备过程中，将膨润土浆液混合 24h，然后添加普通波特兰水泥和磨碎的高炉矿渣，混合后泵入沟槽。在施工过程中，沟槽的侧面由膨润土水泥浆支撑，逐渐将其浇注到沟槽中。该浆料形成了渗透率小于 $1\times10^{-9}m/s$ 的材料。在施工过程中，收集样品进行实验室测试，以确认泥浆特性满足隔离墙的要求。墙的设计深度为最大 12m，以将屏障墙嵌入低渗透层。在开挖期间，由于在地面以下 11.5m 处存在大块巨石，因此需要对深度进行一些细微的修改，然后将其清除。在安装反应器的位置，加厚隔离墙壁以容纳该反应器。该措施增加了地下水的流经长度，并减小了穿过隔离墙壁以及容器周围渗漏的可能性。水泥膨润土浆液以下部分也开挖至地面以下 12m。完成墙体和墙体的扩展后，挖出上部 1m 的水泥膨润土，并在墙体顶部覆盖了压实的黏土层。将墙面修整至 1m 的深度可保证从墙面顶部清除所有干燥和破裂的水泥膨润土材料，并确保足够的黏土覆盖深度，从而消除了浅层地下水流过坡口的潜在优先通道。黏土覆盖也延伸到滤桩上方，以防止停车场中未被污染的地下水进入系统。

反应容器的基本设计是直径为 1.2m、长 12m 的钢结构，分为三个隔室，包含零价铁颗粒最底下的隔室（长 7.3m），该部分装有铰链钢门，以保持零价铁处于厌氧条件下。厌氧环境对于有效地进行脱卤过程是非常重要的，其余的隔室都处于空闲状态。反应器上部装有一个带锁的钢门，并加固了可上锁的外部舱口。反应容器安装了通风管以将气体排放到大气中，并防止任何气体在反应区或上方的敞口容器中积聚。该管道是按照修改后的路灯标准安装的，包含必要的阻燃剂和烟囱顶部扩散系统。容器的性能通过离散的采样点进行监控，这些采样点通过容器外部可锁的盖子接触，因此无需进入容器进行采样。如果由于矿物沉淀物的堆积而导致流速下降，这些采样点也可用于搅拌零价铁颗粒。

3.4.5　监测与效果评估

安装 PRB 后，建立了地下水监测网络，以验证系统是否按设计运行。监测计划包括水位读数和地球化学采样。测量水位以确保 PRB 系统不会对地下水条件产生不利影响。对反应容器内部和下部的地下水进行了地球化学采样，根据实验室规模的模拟柱结果评估 PRB 系统对地下水化学变化的影响，并验证 PRB 是否符合设计标准。安装 PRB 后，在反应池的上游、反应池内、反应池下游位置建立了地下水采样站。从 1995 年 11 月 20 日～1996 年 4 月至少每周测量一次地下水水位，此后每月测量一次水位直到 1996 年 10 月，之后每年两次测量地下水水位直到 1999 年 1 月。1996 年每季度收集一次地下水样品，1997 年每年收集两次，1998 年、1999 年、2000 年和 2001 年每年收集一次。根据场地标准对地下水位和地下水样品进行了测量和收集，也验证了地下水流向为东至东北。位于 PRB 两侧的各孔之间的水力梯度范围为 0.016～0.11。监测井中的水位的变化显示反应容器内的水位梯度较低且变化不定，并具有梯度反转的现象，表明了穿过反应容器的地下水流量的反转。根据现有数据无法准确计算流经 PRB 的地下水流量。

(1) 反应区的水文地球化学

Golder Associates 从反应区（R1～R5）抽取水样，并使用标准离子色谱法

（IC）测量无机离子（Na^+、K^+、Ca^{2+}、Mg^{2+}、Cl^-、HCO_3^-、NO_3^-、HS^-、SO_4^{2-}），用等离子体耦合法（ICP-OES）测重金属 Fe 和 Mn 等。pH 值、碱度、采样温度和比电导率均使用滴定法或选择性电极法在现场进行测量。样品的电荷平衡误差（CBE）通常＜±5％，表明分析质量良好。

（2）第一个 5 年期间（1996～2000 年）

pH 值基本上保持碱性（pH≈8～9），直到第 4 年末变为接近中性。在此期间，所有采样点的总溶解态固体（TDS）基本都下降，这表明存在矿物沉淀，其中在 R1 处最强。假设平衡温度为 10℃，并使用 SO_4^{2-}-H_2S 法确定氧化还原产物，对 Fe 和 Mn 在内的无机化学物质进行了地球化学形态和浓度分析。方解石（$CaCO_3$）和文石（$CaCO_3$）的矿物饱和度指数显示了可能存在矿物相沉淀。方解石（$CaCO_3$）和文石（$CaCO_3$）刚开始时略有过饱和并易于生成矿物沉淀［菱锰矿（$MnCO_3$）］。但是，到 4 年期结束时，这些碳酸钙矿物相的样品并未达到饱和值。在整个反应区的整个时间段内，样品的锰矿物质｛例如，辉锰矿（MnO_2）、菱锰矿（Mn_3O_4）、锰矿［$MnO(OH)$］和黄锰矿［$Mn(OH)_2$］｝饱和度仍然很低。菱铁矿（$FeCO_3$）随矿物质饱和度波动。在 4 年（1996～1999 年）时间里，R1 处的非晶态 $Fe(OH)_3$ 仍然不饱和，但是在后两年（1999～2000 年）的采样中，R2～R5 处的值变得过饱和。在此期间，其他氧化的铁矿物质，如赤铁矿（Fe_2O_3）和针铁矿［$FeO(OH)$］仍然十分饱和。在硫化铁减少的情况下，黄铁矿［FeS_2］保持高度过饱和，单硫化物沉淀和马基钠铁矿保持中等过饱和。

（3）第二个 5 年期间（只在 2003 年和 2004 年采样）

在随后的 5 年中，仅在反应区中部从 R3 进行了少量的可溶性无机化学分析。在 2003 年和 2004 年的春季和秋季均采集了样本，但是只在 2003 年 3 月的样本中（在第二个 5 年周期监测的中间进行）对 Fe 和 Mn 进行了分析。由于未进行 HS^- 分析，无法在网络路径（NETPATH）中进行形态计算，因此忽略了该计算。在前五年（1996～2000）运行结束时，pH 值已从 9.2～9.5 降至 7.2～8.9。随后，2003 年春季采样显示 pH 值为 8.4，但在接下来的三个样本中 pH 值进一步降低，约 5.7～6.4。PRB 初始运行时总溶解态固体（TDS）已恢复到约 300mg/L 的水平，这意味着矿物质发生溶解。根据 2003 年春季的单个样本，碳酸盐矿物的饱和指数趋于欠饱和状态，包括 $MnCO_3$，但不包括饱和的 $FeCO_3$。根据 2003 年春季的样本，其他锰矿物质（软锰矿、菱锰矿、锰矿和黄铁矿）始终保持较强的低饱和状态。相对于铁矿相非晶态 Fe(OH)$_3$、赤铁矿（Fe$_2$O$_3$）和针铁矿 [FeO(OH)]，样品在 R3 处处于过饱和状态。

（4）多示踪测试

为了理解 PRB 系统水力学特征，2006 年进行了示踪剂测试（数据未显示），以评估 PRB 中的孔隙水流速和其他水力参数。将自来水以恒定速率（约 600mL/min）施加到监测井，以控制和提高穿过屏障的水力梯度和流量。将溶解的 Br、Kr 和 Xe 的示踪剂溶液注入 R1 中，使其位于零价铁颗粒的正上方。随后在 31d 的测试期内每天从屏障内的 R1、R2、R3、R4 和 R5 以及 PRB 的监测井下游收集监测样本。在环境示踪实验室中使用标准的离子色谱仪进行 Br 分析，并使用气相色谱-质谱（GC-MS）分析样品的 Kr 和 Xe。示踪测试在 15min 内注入 180L 示踪溶液。这会导致在初始阶段监测井头部水流的积聚，表明该处存在一定的流动阻力，但 20min 后会消失。在 R2 和 R3 处几乎都瞬时发现了示踪剂的快速突破，这可能与堆砌效应和某些快速优先流动通道有关。尽管该测试只涉及极少量的示踪剂，但这表明 PRB 材料中已形成一些快速流通途径。随后，在 R2（在屏障内）和 MWD 处都观察到了突破曲线（BTC），首次到达时间分别约为 100h 和 150h。在测试过程中，在 R3～R5 上没有看到示踪剂的进一步的突破。在 MWD 处观察到的三个示踪剂的突破曲线，或多或少出现在单个峰值中，这说明在完全饱和条件下存在一定数量的旁路流量，但不确定是否是由示踪剂注入导致的。在 R2 处观察到的 BTC 表明仅在屏障的第一个约 20cm 深度上发生了大部分示踪剂的颗粒流运动（从 R1～R2 开始），平均线性孔隙水速度为通过 ZVI 晶粒之间的孔隙进入反应材料的速度，约为 0.08m/d。这表明迁移时间比 Monkstown PRB 最初设计的 6d 要长得多。与 R2 BTC 相关的流动路径表明，在自然水力条件下，溶质在 PRB 中的停留时间保守估计约为 180d。此外，对于 R1（注入）和 R2（BTC）之间的通道，有效孔隙率估测仅为 29%。在 PRB 的前 20cm 内，估计的孔隙水速度较低，表明水流已经变得非常狭窄。主要是由于矿物的沉淀导致有效孔隙率已减少了约 42%。重要的是，R2 处 BTC 中三个示踪剂的分离还表明，系统内 PRB 反应性材料的入口端存在气相物质（例如气泡）。

3.4.6　案例小结

该项目的经济成本包括基于场地特征、PRB 修复计划的实施以及持续的监测的费用，费用汇总在表 3-8 中。

表 3-8　PRB 各项花费列表

主要活动	活动细分	最终费用/英镑
现场勘察	主要勘察	192524
	附加勘察	37016
共计		229540
修复	土壤清除和处理费用	75000
	中试评估	18000
	设计、合同和工作计划准备	16000
	帷幕（阻隔）和 PRB 安置	252260
	监管	38041
	完工报告	10510
共计		409811
地下水监测	监测（10 年）	88193
	示踪实验	8000
	耗材	200
共计		96393
总费用(£)		735744

由 Golder 实施的工程（不包括初始方案研究和初步现场调查以及场地表征）的成本如下：

① 14 个地下水监测井的钻孔；

② 新增 5 口浅层地下水井；

③ 20 口监测井中进行的 20 轮地下水采样和实验室分析；

④ 报告撰写；

⑤ 33 个用于土壤蒸气调查的手动钻孔。

1996~2006 年年底的十年中，对该场地进行的监测成本为 96000 英镑，其中包括用于进行示踪剂测试的 8000 英镑。PRB 系统的设计和安装成本为 410000 英镑，其中包括挖掘和处置 500m³ 的污染土壤，中试规模评估和完工报告。表 3-9 展示了不同治理措施的费用。

表 3-9　不同治理措施的费用　　　　　　　　　单位：英镑

项目	填埋、抽出和治理	阻隔、抽出和处理	PRB
现场勘察	229500	229500	229500
土壤开挖和清理	300000	327500	75000

项目	填埋、抽出和治理	阻隔、抽出和处理	PRB
修复技术安置、运营和监测	435000	308000	431000
合计	964500	865000	735500

表 3-9 表明 PRB 的成本大大低于垃圾填埋、抽出和治理以及阻隔、抽出和处理。填埋、抽出和治理以及阻隔、抽出和处理的能源需求远高于 PRB，因为挖掘/运输、抽出和处理系统的能源需求很高。PRB 系统运行时对人造能源没有要求，因为该系统是被动的、原位的并且由自然条件驱动。因此，零价铁 PRB 系统被认为具有很高的运营成本效益。可以使用可再生能源来进行持续的抽出和处理，但是需要耗费与活性炭的处置/更换相关的不可再生能源。

在 PRB 安装之前尚不明确系统可持续使用时长和需要翻新的时间。但是，Monkstown 的零价铁 PRB 系统由浆状膨润土壁组成的反应容器的设计使用寿命为50 年，在需要对铁进行少量更换之前，零价铁 PRB 可以持续运行至少 10～15 年。尽管由于天气原因会受到一些损坏，但到 2006 年为止该系统尚未发生辅助泵系统的机械故障。

参 考 文 献

［1］ Naidu R，Birke V. Permeable reactive barrier：sustainable groundwater remediation. CRC Press，2018.

［2］ Upadhyay S，Sinha A. Role of microorganisms in Permeable Reactive Bio-Barriers (PRBBs) for environmental clean-up：A review. Global Nest Journal，2018，20 (2)：269-280.

［3］ Faisal A A H，Sulaymon A H，Khaliefa Q M. A review of permeable reactive barrier as passive sustainable technology for groundwater remediation. International Journal of Environmental Science and Technology，2018，15 (5)：1123-1138.

［4］ Araujo R，et al. Nanosized iron based permeable reactive barriers for nitrate removal - Systematic review. Physics and Chemistry of the Earth，2016，94：29-34.

［5］ Rocha L C C，Zuquette L V. Evaluation of Zeolite as a Potential Reactive Medium in a Permeable Reactive Barrier (PRB)：Batch and Column Studies. Geosciences，2020，10 (2).

［6］ Indraratna B，et al. Biogeochemical Clogging of Permeable Reactive Barriers in Acid-Sulfate Soil Floodplain. Journal of Geotechnical and Geoenvironmental Engineering，2020，146 (5).

［7］ Maamoun I，et al. Multi-objective optimization of permeable reactive barrier design for Cr (VI) removal from groundwater. Ecotoxicology and Environmental Safety，2020：200.

［8］ Pawluk K，et al. Two-objective Optimization for Optimal Design of the Multilayered Permeable Reactive Barriers，in 3rd World Multidisciplinary Civil Engineering，Architecture，Urban Planning Symposium，2019.

［9］ Liu C C，et al. Evaluating a novel permeable reactive bio-barrier to remediate PAH-contaminated groundwater. Journal of Hazardous Materials，2019，368：444-451.

［10］ Hiller-Bittrolff K，et al. Effects of mercury addition on microbial community composition and nitrate removal inside permeable reactive barriers. Environmental Pollution，2018，242：797-806.

［11］ Polonski M，et al. Optimization Model for the Design of Multi-layered Permeable Reactive Barriers，in World Multidisciplinary Civil Engineering-Architecture-Urban Planning Symposium-Wmcaus. 2017.

［12］ Ma Y，et al. Remediation status and practices for contaminated sites in China：survey-based analysis. Environmental Science and Pollution Research，2018，25 (33)：33216-33224.

［13］ John U E，et al. Leaching evaluation of cement stabilisation/solidification treated kaolin clay. Engineering Geology，2011，123 (4)：315-323.

［14］ Zhou M，et al. Geotechnical and mechanical properties of solidification/stabilization treatment technology for dredged sludge. Geophysical Solutions for Environment and Engineering，2006 (1,2)：951-955.

［15］ Naftz D，et al. Handbook of groundwater remediation using permeable reactive barriers：applications to radionuclides，trace metals，and nutrients. Academic Press，2002.

［16］ Li L，Benson C H，Lawson E M. Impact of mineral fouling on hydraulic behavior of permeable reactive barriers. Ground Water，2005，43 (4)：582-596.

［17］ Morrison S J, Mushovic P S, Niesen P L. Early breakthrough of molybdenum and uranium in a permeable reactive barrier. Environmental Science & Technology, 2006, 40 (6): 2018-2024.

［18］ Henderson A D, A H Demond. Long-term performance of zero-valent iron permeable reactive barriers: A critical review. Environmental Engineering Science, 2007, 24 (4): 401-423.

［19］ Dong J, et al. Laboratory study on sequenced permeable reactive barrier remediation for landfill leachate-contaminated groundwater. Journal of Hazardous Materials, 2009, 161 (1): 224-230.

［20］ Li L, Benson C H. Evaluation of five strategies to limit the impact of fouling in permeable reactive barriers. Journal of Hazardous Materials, 2010, 181 (1-3): 170-180.

［21］ Wilkin R T, Puls R W, Sewell G W. Long-term performance of permeable reactive barriers using zero-valent iron: Geochemical and microbiological effects. Ground Water, 2003, 41 (4): 493-503.

［22］ Wilkin R T, et al. Chromium-removal processes during groundwater remediation by a zerovalent iron permeable reactive barrier. Environmental Science & Technology, 2005, 39 (12): 4599-4605.

［23］ Hu B W, et al. Slow released nutrient-immobilized biochar: A novel permeable reactive barrier filler for Cr(Ⅵ) removal. Journal of Molecular Liquids, 2019, 286.

［24］ Maamoun I, et al. Phosphate Removal Through Nano-Zero-Valent Iron Permeable Reactive Barrier: Column Experiment and Reactive Solute Transport Modeling. Transport in Porous Media, 2018, 125 (2): 395-412.

［25］ Zhou M, et al. An electrokinetic/activated alumina permeable reactive barrier-system for the treatment of fluorine-contaminated soil. Clean Technologies and Environmental Policy, 2016, 18 (8): 2691-2699.

［26］ Shang H, Javadi S, Zhao Q. Organic Surfactant Modified Zeolite as a Permeable Reactive Barrier Component-A Laboratory Study, in Geotechnical Frontiers 2017: Waste Containment, Barriers, Remediation, and Sustainable Geoengineering, T. L. Brandon and R. J. Valentine, Editors. 2017, 443-449.

［27］ Komnitsas K, Bazdanis G, Bartzas G. Efficiency of composite permeable reactive barriers for the removal of Cr(Ⅵ) from leachates. Desalination and Water Treatment, 2016, 57 (19): 8990-9000.

［28］ Gavaskar A R. Design and construction techniques for permeable reactive barriers. Journal of Hazardous Materials, 1999, 68 (1-2): 41-71.

［29］ Obiri Nyarko F, Grajales M S J, Malina G. An overview of permeable reactive barriers for in situ sustainable groundwater remediation. Chemosphere, 2014, 111: 243-259.

［30］ Grajales M S J, et al. Designing a permeable reactive barrier to treat TCE contaminated groundwater: Numerical modelling. Tecnologia Y Ciencias Del Agua, 2020, 11 (3): 78-106.

［31］ Guerin T F, et al. An application of permeable reactive barrier technology to petroleum hydrocarbon contaminated groundwater. Water Research, 2002, 36 (1): 15-24.

［32］ Higgins M R, Olson T M. Life-Cycle Case Study Comparison of Permeable Reactive Barrier versus Pump-and-Treat Remediation. Environmental Science & Technology, 2009, 43 (24): 9432-9438.

［33］ Freidman B L，et al. Permeable bio-reactive barriers to address petroleum hydrocarbon contamination at subantarctic Macquarie Island. Chemosphere，2017，174：408-420.

［34］ Tamás M，S Franz Georg. Removal of organic and inorganic pollutants from groundwater using permeable reactive barriers Part 2. Engineering of permeable reactive barriers. Land Contamination & Reclamation，2000，8：175-187.

［35］ Ma Q S，Luo Z J. USE OF PERMEABLE Reactive barrier for groundwater remediation at one wastewater treatment plant site. Fresenius Environmental Bulletin，2017，26（12A）：663-670.

［36］ 李书鹏. 土壤与地下水修复行业发展报告（2018）. 第三届中国可持续环境修复大会，2018.

［37］ Agency，U. S. E. P. East Helena：Zero-Valent Iron Premeable Reactive Barrier Treatment of Arsenic in Groundwater，2006.

［38］ Agency，U. S. E. P. Field Application of a Permeable Reactive Barrier for Treatment of Arsenic in Ground Water，2008.

［39］ Hgdrometrics Inc. Phase Ⅱ RCRA facility investigation site characterization work plan，2010（5）.

［40］ Montana Environmental Trust Group，LLC，Trustee of the Montana Environmental Custodial Trust，East Helena Facility Corrective Measures Study Report，2018（11）.

［41］ East Helena Lewis and Clark County，Montana. Fourth Five-Year Review Report for East Helena Superfund Site，2016（9）.

［42］ Jarvis A P，et al. Effective remediation of grossly polluted acidic，and metal-rich，spoil heap drainage using a novel，low-cost，permeable reactive barrier in Northumberland，UK. Environ Pollut，2006，143（2）：261-268.

［43］ Amos P W，Younger P L. Substrate characterisation for a subsurface reactive barrier to treat colliery spoil leachate. Water Research，2003，37：108-120.

［44］ Younger P L，et al. Passive treatment of acidic mine waters in subsurface-flow systems：exploring RAPS and permeable reactive barriers. Land Contamination & Reclamation，2003，11（2）：127-135.

［45］ Lesley B，Daniel H. An appraisal of iron and manganese removal at Shilbottle and Whittle wetland sites in Northumberland，UK. 9th International Mine Water Congress，2005：331-337.

［46］ Jarvis A. Passive treatment of severely contaminated colliery spoil leachate using a Permeable Reactive Barrier. CL：AIRE Technology Demonstration Project Report：TDP13，2006.

［47］ 〈Philips-2010-Supporting Information for. pdf〉.

［48］ Phillips D H，et al. Ten year performance evaluation of a field-scale zero-valent iron permeable reactive barrier installed to remediate trichloroethene contaminated groundwater. Environ Sci Technol，2010，44（10）：3861-3869.

［49］ 〈TDP 3 2001 snapshot-Design，Installation and Performance Assessment of a Zero Valent Iron Permeable Reactive Barrier in Monkstown，Northern Ireland. pdf〉.

［50］ 〈TrB 2 2011 Permeable Reactive Barriers. pdf〉.

［51］ Beck P，Harries N，Sweeney R. Design，installation and performance assessment of a zero valent iron permeable reactive barrier in Monkstown，Northern Ireland. CL：AIRE technology demonstration report，2001.

［52］ Agency，U. S. E. P. A Citizen's Guide to Capping，2012.

［53］ De Jong E，et al. Mixed-in-place cut-off walls create artificial polders in the netherlands. Deep Foundations Institute，2015.

第 4 章　覆盖和阻隔技术

4.1　覆盖和阻隔技术介绍

　　覆盖（capping）和阻隔（cut-off）技术通过切断污染物在土壤和地下水中的传播路径（既暴露途径），实现有效风险管控[1-7]。覆盖技术常见于受污染的河道沉积物治理和垃圾填埋场中[5-10]。近年也逐渐应用到污染土壤的风险管控中[11-19]。简单而言，覆盖技术即在污染土壤上部建造数个不同功能层，来防止污染物向上扩散[4-7,10,20,21]。它具有二次污染少、价格便宜等优势，但也需要定期监测、维护以及恰当的场地管理（制度控制等）[4,22-25]。同时，覆盖技术应用在人类活动较少的地区运行相对稳定，但在人类活动较多地区，频繁扰动可能会对其功能产生破坏。图 4-1 列出了一个典型的土壤覆盖示意图。覆盖系统自上而下由四个基本层组成，分别为表层、排水层、阻隔层、基础层[20]。表层一般是植物绿化层，排水层一般为高渗透性的砂砾层，阻隔层由隔绝气体和水分的土工膜构成，基础层一般由低渗透性的黏土组成。有些土壤覆盖系统还具有保护层和气体收集层[4-7,10,21,26-28]。除了土壤覆盖，针对不同的场地应用场景，还有混凝土覆盖和沥青覆盖[20]。总而言之，覆盖的基本原理即在污染土壤的上部设置一层屏障以隔断其对上覆区域的污染，再根据实际需要进行表层配置。

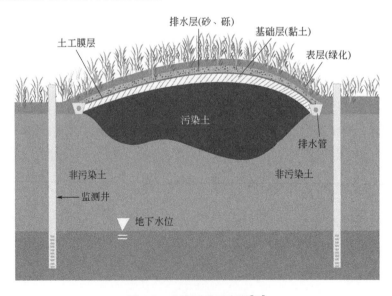

图 4-1　土壤覆盖示意图[20]

　　与覆盖技术类似，阻隔技术致力于切断污染物的暴露途径而不是彻底清除污染物[4,25,29-31]。二者的区别在于，覆盖一般平行位于污染土壤的上表面，而阻隔系统一般垂直向下位于污染土壤的四周（图 4-2）。因此，垂直阻隔是最常见的阻隔形式。阻隔墙一般由低渗透性的膨润土构成，以阻止污染物及其渗滤液的水平迁移或污染源外部地表水、地下水的渗入[29,32-36]。

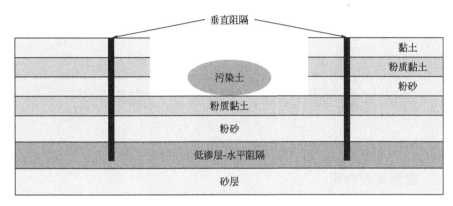

图 4-2　阻隔示意图[37]

　　阻隔的另一种形式是水平阻隔（图 4-2）。即在污染土壤下部构建一个低透水层或弱透水层，防止污染物向地下迁移扩散。水平阻隔层主要由 HDPE 土工膜、膨润土、防渗混凝土等材料组成[37]。

　　覆盖和阻隔技术相比于抽出-处理等彻底清除技术成本较低，基本无二次污染[1,7,38]。但施工完成后，对场地和设施的维护、监测和管理是保障风险管控有效运行的重要前提[3,23,39,40]。需要指出的是，以上提到的均为原位覆盖和阻隔技术，笔者认为异位覆盖和阻隔填埋（即将污染土壤挖出后阻隔填埋到垃圾填埋场）对于污染区域来说是一种彻底清除技术，施工和运输过程二次污染风险大，且成本较高，并不具备风险管控的优势。异位阻隔填埋于 19 世纪 80 年代即在西方国家应用到了近千个工程中[3,23,41]，我国异位阻隔填埋处理重金属污染土壤的应用出现在 2007 年，目前已发展比较成熟[42]。在我国，2007～2017 年，阻隔技术占土壤污染防治技术市场的 3.5%，但其发展较快，2018 年已占 11.1%[42-47]。整体而言，覆盖和阻隔是一种非常有效的污染土壤风险管控手段，因此有必要学习西方国家的先进经验，提升覆盖和阻隔技术在我国场地污染防治中的应用前景。

　　本章重点介绍美国华盛顿州银山矿区覆盖管控案例[11-14]、英国德比市普莱德公园场地阻隔管控案例[48,49]、美国俄勒冈州泰勒木材厂场地覆盖和阻隔管控案例[15-19,50,51]。美国华盛顿州银山矿区位于人烟稀少的采矿区域，通过植被覆盖实现了矿区生态功能的恢复。英国德比市普莱德公园场地位于市中心，通过封闭式的垂直阻隔进行风险管控，同时使用地下水抽出处理技术加快了污染源的削减，场地成功进行了重建并再次获得了商业发展价值。美国俄勒冈州泰勒木材厂是复合污染场地，通过水平覆盖和垂直阻隔对场地进行了包封隔离，结合制度控制和场地监测确保了管控的有效运行。以上三种场地在我国都广泛分布，因此其风险管控经验具有重要的借鉴参考价值。

4.2 美国华盛顿州银山矿区覆盖管控案例分析

4.2.1 案例背景介绍

银山矿区位于华盛顿州中北部奥卡诺根县（Okanogan County）西北方向6mile处的托纳舍特镇（Tonasket）。托纳舍特镇总人口约1055人，位于一个南北走向的山谷中，该山谷被称为马泉谷（Horse Springs Coulee）。

该场地是一座从1928年到1960年间进行开采，现已废弃的金银矿山。1983年该矿山废弃前，氰化物一直被用于从尾矿中提取金属，形成了含有氰化物废水的尾矿库。除了氰化物，原矿石提取的渗滤液收集沟内的污水还存在砷污染。

1986年，该场地被添加到国家优控名录（NPL，National Priorities List）。对于氰化物的处理方法为在池塘和矿山尾矿中加入次氯酸钠中和，对渗滤液进行收集并从现场排出，并在收集沟槽内附上衬里。20世纪90年代，管控行动对约7000yd³的矿山尾矿进行了加固和封盖，封闭了矿井入口，对场地进行了植被覆盖和围栏设置，以严格的管控来保护覆盖质量，实现降低后续维护成本的修复目标。该场地于1997年被从优控名录NPL中删除，截至2008年，表层覆盖状况良好，围栏仍保持在原位，华盛顿州生态主管部门继续承担年度检查和覆盖维护工作[11-14]。

4.2.2 场地情况

1988年，美国环保署（EPA）与美国矿务局（BOM）签约，开始了场地调查和可行性研究（RI/FS）。BOM进行了现场调查，获得了关于污染性质和污染程度的必要数据，通过制图和材料分析评估了场地的物理和化学特性。对四个监测井，三个非现场供水井和两个现场地表渗漏液体进行了水文地质调查。EPA 收集并分析了堆浸沥出物和矿山废渣中的 34 个样品、20 个附近土壤样本以及从七个井和两个地表水渗出池中取出的三轮水样。调查结果确定并评估了该场地 3 个潜在污染源：

① 浸提堆；

② 原矿石；

③ 矿山废水。

潜在的污染物暴露途径被确定为：

① 场内土壤；

② 场内地表水；

③ 浅层含水层中的场内地下水；

④ 该地区的场外地下水。

经风险评估确定砷（As）和氰化物（M-CN）为主要污染物。砷是该地区天然岩石成分的一种，土壤中砷的浓度由原生岩石中砷的含量和被氧化态砷含量共同决定。氧化的砷更易溶浸，可以增加所有受矿物质、矿堆和矿渣所影响的土壤中的砷浓度。在 RI/FS 阶段发现开采物料（约 1080mg/kg）和原水储水池存水（95μg/L）的砷含量最高。1982 年，华盛顿州生态主管部门采取的管控行动使得浸提堆中的氰化物浓度有所降低。在华盛顿州生态主管部门采取进一步管控措施之前，分析结果显示渗滤液池中的氰化物浓度最高可达 1100mg/L，而在实施管控措施后，渗滤液中的氰化物含量仅为1mg/L。华盛顿州生态主管部门管控之前堆中土壤中污染物含量为 480mg/kg，距堆体 1ft 远为 50mg/kg。1989 年 RI/FS 调查期间，堆中的氰化物浓度测量为 173mg/kg。

在堆体边缘的浅水含水层中检测出砷和氰化物。RI/FS 期间，现场监测井中发现了超背景值浓度的污染物（<1.0mg/L）。监测井显示砷浓度为 14μg/L，氰化物浓度为 122μg/L。这两个值均低于该场地健康规定的标准，即 50μg/L 砷（MCL）和 154μg/L 氰化物［参考终身健康顾问（LHA，Lifetime Health Advisory）］。可行性研究共筛选了 23 种场地修复技术，根据国家应急计划中列出的九项超级基金标准，开发并评估了八种备选方案。

在银山矿区，无机污染物是最普遍的污染物。在最可能被有机化学品（燃料，溶剂等）污染的区域内采集的样品中反而几乎没有有机污染物。在部分样品中发现了少量的二氯甲烷、苯甲酸、邻苯二甲酸二（2-乙基己基）酯、苯甲醇和丙酮，但据质量控制相关规定，它们被认定为实验室污染物。对于在风险评估中被认为有潜在风险、需要持续关注的污染物，表 4-1 列出了平均值、最大值（上限）和"理论最大暴露"（Resonable Maximum Exposure，RME）浓度。为了建立合理的最大暴露浓度，使用平均值的 95％置信上限，如超过最大值则将使用最大值。风险评估确定关注的介质仅限于土壤和地下水。

表 4-1　污染物浓度统计数据

污染物	土壤			地下水		
	mg/kg			μg/L		
	均值	最大值	RME	均值	最大值	RME
锑	3	9.1	4.9	14.7	40.4	40.4
砷	342.5	631.6	420.8	10.7	14.3	14.3
钡	53.2	109.5	60.9	61	136	136
铍	0.3	0.7	0.4	0.9	1.5	1.5
镉	2	4.2	2.4	1.5	2.9	2.9
铬	10.4	16	11.8	11.1	31.6	31.6
铜	134.7	510.4	185.6	20.2	56.7	56.7
氰化物	21.9	96.3	35.1	40.8	281	122.3
氟化物①	0	0	0	0.4	0.7	0.5
铅	82.4	193.9	103.5	8.7	23.2	23.2
锰	576.7	938	630.9	166	421	421
汞	0.2	0.6	0.3	0.1	0.1	0.1
镍	29.6	48.8	33.3	15.6	38.4	38.4
硝酸盐①	0	0	0	37.1	120.8	76.3
亚硝酸盐①	0	0	0	0.3	1.3	1.3
硒	0.8	1.6	1	1.7	3.9	3.9
银	8.4	33.8	11.9	2.5	2.5	2.5
铊	0.2	0.9	0.3	0.1	0.1	0.1
锡	0	0	0	15.4	31.5	31.5
钒	18.8	30.6	21.8	11.5	40.7	40.7
锌	224.3	554.1	274.9	42.1	129	129

① 地下水的各项值单位为 mg/L。

　　银山矿区内污染物的首要暴露途径是摄入和皮肤接触土壤以及摄入的地下水或地表水，其中砷、锑和氰化物是水中最重要的污染物。尽管采集的样品可能无法代表场地整体污染物分布情况，但单个地下水样品中硝酸盐/亚硝酸盐和铅的含量均高于现行标准，水中砷的暴露可能导致 2×10^{-4} 的致癌风险。砷、氰化物和其他化学物质也可能引起风险熵为 2.5 的非致癌性风险，主要是与神经、肝脏和皮肤有关的非致癌效应。

土壤中最重要的污染物是砷，接触土壤可能导致致癌风险增加 0.2%。非致癌风险指数为 2.4，表示土壤暴露也可能导致非致癌性风险，主要是皮肤和神经系统疾病。不确定性存在于所有的风险评估中，银山矿区风险评估中不确定性的主要来源是毒性参考值，未来土地利用情况，通过皮肤接触暴露的实际毒性/风险以及水数据。由于这些和其他领域的不确定性，为了保护人体健康，管控的各项假设都是偏保守的。

野生动物和植物面临的最大风险似乎来自浸提堆周围土壤中的砷。这些被砷污染的土壤，对植物和反刍动物有毒性，尽管面积很小，但很可能被鼠尾草的生物区系利用。未来一旦堆垛覆盖层变质，临时收集渗滤液可能会引起一些急性毒性。堆放场中的土壤如果被腐蚀、扩散、浸出等，可能会发挥其潜在的毒性作用。地下水对野生动植物目前尚无危害，未来也没有风险。但是，地表水会吸引野生动物，从而增加了这些水体中污染物的毒性水平。排入水槽的矿井水可能仍将是砷浓度升高的来源。在较小程度上，渗流可能是铝、铜和铅含量升高的原因。

可行性研究共计设计了八种备选方案，利用各种处理、控制和处置方案，以降低现场遗留的风险。团队选择最符合评估标准的三个备选方案（保护性、成本效益、法规相符）进行详细分析。该场地没有位置相关的适用要求，安全饮用水法案标准是唯一可能适用的特定化学品要求。备选计划由可行性研究方案给出。

4.2.3　风险管控方案及目标

这是决策的第一次也是最后一次记录，因为整个现场被作为一个可操作的单元进行处理。银山场地是一个废弃的矿场，在那里进行堆矿作业导致氰化物和砷污染。华盛顿生态部在 1985 年对该场地进行稳定化管控以应对浸出堆中氰化物的直接威胁。这些选定的管控措施将通过以下方式提供长期的环境保护：

① 加固和分类处理约 5740yd³ 的受污染材料；

② 用黏土覆盖；

③ 封锁现场并封锁矿井入口；

④ 将矿井排水管与现有储水箱分离，并在马泉-库利含水层中安装新水井，为

牛提供备用水源；

⑤ 订立契据限制以保护该表面阻隔；

⑥ 监测地下水，确保其不会受到污染。如果地下水分析显示污染浓度超过美国环境保护署健康的水平，将实施应急地下水效应计划，向社区提供地下水取样和结果以及任何可能存在潜在污染的通知。

所选的管控措施可以保护环境和人类健康，符合并适用于与联邦和州管控相关要求，且具有成本效益。这种管控措施最大限度地利用永久性解决方案和替代性处理（或资源恢复）技术。将场地进行了早期治理，这种管控办法与早期管控行动相结合的方式，符合管控的法定优先权，然而由于不能在该场地对废物进行额外处理，该最终管控措施不符合法定优先权规定。因此，现场的风险水平和现有技术的管控状态对于这个场地来说是不可行的。

根据资源保护和恢复法案 RCRA ［40 CFR261.4(b)(7)］，该场地的采矿废物被归类为危险废物；因此，RCRA 的土地处置限制并不适用。由于这一管控措施将导致危险物质留在现场且高于健康管理规定水平，因此需在管控措施开始后五年内进行监测，以确保管控措施继续为人类健康和环境提供保护。

美国超级基金法对公众参与的要求包括向公众发布《管控调查和可行性研究报告》以及拟议的计划。1990 年 1 月，EPA 将这两个文件放在信息库中并将拟议计划的副本邮寄给邮件列表上的个人。EPA 分别于 1990 年 1 月 25 日和 28 日在北奥卡诺县公报论坛（NorthOkanogan County Gazette Tribune）和《温纳奇世界》(Wenatchee World) 上发布了 RI/FS 和拟议计划的公示通告。该公告包含了公众意见征询期和讨论拟议计划的公开会议期。1990 年 2 月 11 日在《温纳奇世界》和 1990 年 2 月 15 日在论坛上发表了一些公告，指出仍然需要公众发表评论。EPA 收到了评论，这些评论在报告中的"响应性"部分中进行了总结。到目前为止，以下社区环保署已经在银山矿场进行了环保活动。

① 1987 年 9 月：环保署的承包商伍德沃德·克莱德顾问在制定《社区关系计划》期间采访了当地居民和官员。

② 1987 年 12 月：出版了《环保关系计划》。

③ 1988 年 10 月 12 日：EPA 分发了一份情况说明书，宣布开始进行现场调查。

④ 1989 年 3 月：在冈野县法院建立了信息存储库。

⑤ 1989 年 4 月 28 日：在公众要求下 EPA 分发了第二份情况说明书，解释在现场进行的 RI 工作。

⑥ 1990 年 1 月 25 日：论坛上的公告描述了拟议计划的可用性以及 RI/FS，并宣布了公开会议的日期和公众意见征询期。

⑦ 1990 年 1 月 26 日：EPA 发布了拟议计划的事实表格，说明 RI/FS 和 EPA 的结果的首选方案，邮寄名单上的人员可公开使用评论，情况说明书在公开会议上被宣布。

⑧ 1990 年 2 月 8 日：给出了公众评论的日期。

⑨ 1990 年 1 月 28 日：《温纳奇世界》的公告描述了拟议计划的可用性以及 RI/FS，并宣布了公开会议的日期和公众意见征询期。

⑩ 1990 年 1 月 29 日～2 月 28 日：公众意见征询期的拟议计划和 RI/FS。

⑪ 1990 年 2 月 8 日：预定举行公开会议，但由于下雪而取消。

⑫ 1990 年 2 月 11～15 日：报纸发布通知表示仍然需要信息。EPA 重新安排了公开会议的时间。

⑬ 1990 年 3 月：编写了响应性摘要。

4.2.4　风险管控实施

EPA 与总承包商 Roy F. Weston，Inc.（Weston）签订了 EPA ARCS 计划项目合同，涵盖管控措施的设计与建造。该设计于 1990 年年底完成，并于 1991 年 9 月 30 日授予了土壤运输分包资质。1991 年 12 月和 1992 年 1 月，在现场混合并堆放了作为覆盖屏障的表土。1992 年 4 月 3 日，韦斯顿公司（Weston）将项目分包，包括场地的合并、表层阻隔和围栏建造。施工工作于 1992 年夏季完成，1992 年 6 月 29 日进行了黏土的初步储存（覆盖材料）。1992 年 7 月 31 日完成了对采矿材料的整合。1992 年 8 月 11 日完成了矿井的关闭。表层覆盖于 1992 年 8 月 12 日完成。

收集与整合行动首先从场地周围的四个区域清除了受污染的土壤，并将它们收集在一个位置。去除矿山尾矿后土壤的分析结果表明，已将土壤中砷的浓度控制到 100mg/kg 以下，在某些区域，也需将其控制到 40mg/kg 以下，现场再次治理使之符合残留在现场的裸露土壤中 200mg/kg 砷的 ROD（Record of Decision）性能目标。采集的所有土壤样品中的氰化物含量均低于检出限（检出限为 0.5mg/kg）。

采集从山坡上脱落的土壤作为背景样本，分析结果表明砷浓度超过 400mg/kg。在现场清理过程中清楚地发现，某些本地土壤的砷浓度高于现场清理水平，和从谷底采集的土壤样品之间存在明显的差异（砷含量低于 40mg/kg）。该场地位于浸滤堆所在的谷底与矿井入口的交汇处。

在建筑活动之后，由于堵塞的矿井入口出现了新的渗漏，地表水继续以缓慢的速度进入场内。径流从封闭的垃圾填埋场转移到场外区域。当前，所有地表水在到达场地围栏之前都渗入地下。

已完成多种类型土壤样本采集，以验证是否达到管控目标。最初指示是否需要进一步挖掘清理的砷和氰化物"行动水平"分别为 33mg/kg 和 12mg/kg。这些操作限值提供了一定的安全余量，以确保通过挖掘实现 ROD 清理目标，并考虑了每个位置的样品数量以及污染物本底浓度。砷的作用水平从施工中途的 33mg/kg 更改为 100mg/kg，这是由于自然背景砷浓度难以达到清除水平。经华盛顿州生态主管部门同意，修订后的行动水平大大低于 ROD 目标 200mg/kg。在砷浓度超出限定值 100mg/kg 的地区继续进行挖掘和取样，直到所有超过限量的土壤被清除并固定在浸滤堆上。

RI/FS 期间放置的四个监控井在施工期间未受到损坏，且足以满足长期监控的需求，因此并没有建造新的监测井。根据 ROD 的要求，相关部门计划于 1992 年 9 月安装储备供水井。尽管在 320ft 和 72ft 最佳位置进行了钻探，但两个测试井都没有找到水源。下一部分将进一步讨论这种不可预见性问题的解决方案。

EPA 在 RI/FS 中确定，在受污染的矿山废石中完成上限标准值并关闭矿井入口，可以降低对人类健康的危害和对环境产生的风险。EPA 实施了管控措施，从而减少了 RI/FS 中描述的健康和环境风险。EPA 的管控措施符合所有适用或相关和适当的要求（ARAR），并将暴露于土壤中污染物砷增加的风险控制在小于万分之一范围内，而氰化物的风险熵在 1.0 以下。

所有在该矿区进行的管控行动都满足 NCP 目标，为人类与周边环境提供保护。堆放物、矿山垃圾和周围土壤的清除标准是：砷为 200mg/kg，总氰化物为 95mg/kg。根据施工期间获得的数据，土壤中的氰化物含量低于检测范围（0.5mg/kg），残留在清理区域中的砷浓度低于 100mg/kg。现场的风险已降低到低于风险熵 1.0 或健康的水平；对于人类致癌物砷而言，癌症的危险因素已降低到万分之一。明确了 ROD 中发现的主要污染物来源，即采矿作业（堆放场）中的岩石材料。在重大差异中重新评估了矿山排水系统，并确定了矿山排水系统不会对生态环境构成威胁。根据风险评估报告，吸入和摄入是污染土壤的主要接触途径。矿山中含砷的废石被封闭起来。清理还将降水从封闭的矿山废物中转移出来并抑制潜在的渗滤液生成，从而减少对地下水的影响。

显著性差异（ESD），用于记录因实施不同措施所产生的现场不可预见情况而发生的管控效果的变化。现场的管控措施最终包括：整合并覆盖受污染的矿山表层和尾矿，用土壤和黏土覆盖场地，用栅栏围起来以保护该覆盖并允许播种的草被覆盖。关闭矿井的入口，将矿井的排水改道，使之流出场地，并限制财产契约以保护表层覆盖。1992 年完工，1996 年 12 月终于获得契据约束。

该地地区偏远，降雨少，年平均降水量为 11in，主要是雪和春雨。半干旱气候条件导致该区域只需要很少的维护。预计覆盖层下的开采岩石不会沉降，沉降通常是造成盖层扰动的主要原因。因此，根据国家超级基金合同，预计华盛顿州生态主管部门人员将能够以最少的工作量提供年度维护。

4.2.5 监测与效果评估

2012 年 4 月 12 日，生态学家 Jeff Newschwander 对银山矿场进行了现场检查。现场检查包括 1994 年 12 月制定并于 1997 年 7 月和 2011 年 11 月修订的《银山矿山维护检查表》的所有内容，表层覆盖继续保持适度的草皮。有证据表明覆盖层有杂草侵入，但未发现能穿透或改变表层覆盖层的生根植物。作为修复措施一部分安装的防护栏已消失，周围的牛很容易进入水坑，但是，场地周围较新的围栏阻止了对该场地的经常性访问。并且可以控制牲畜进入矿井附近的水坑。然而，并没有证据表明牛经常踩踏此覆盖层。此外，从矿山渗漏液中收集了一份水样，有两个水井位于场地东南约 1mile 处，一个供家庭使用，一个供牲畜用水。根据 RI 期间井的采样（未发现与现场相关的污染物升高的水平），这两座矿井的深度都约为 400ft，不太可能受到现场地下水的影响。更新环境契约已出现，当前的所有者已经理解并遵守，并且仍然有效且具有保护性。可以使用根据《统一环境公约》（UECA）制定的环境公约来代替契约限制，从而提高风险管控措施的长期有效性。

目前，该场地的管控措施可以保护环境和人类健康。表层覆盖设施已保持良好，制度控制到位，并有效地保障风险得到有效控制。围绕场地的栅栏限制了对场地的破坏，但有些与场地相关的污染物也暴露了出来。因此，为了确保该修复措施长期有效性，还需要采取以下措施：

（1）检查栅栏

在现场检查期间，检查相邻业主安装的栅栏，并确认栅栏仍在原位且未损坏。如果围栏已损坏或被拆除，要求场地所有人更换或修理栅栏，以确保控制对场地的破坏。

（2）与业主合作

Ecology 和 EPA 将与当前的业主合作，按照 UECA 的指导方针制定新的环境契约，以解决有关场地合法所有权等相关问题，并确保对表层覆盖进行长期保护，并限制将地下水用于人类饮用。

4.2.6　案例小结

美国华盛顿州银山矿区位于人口相对稀少的地区，场地污染以重金属为主，迁移性相对较低。综合考虑成本、风险、效益，选择了以水平覆盖为主，配合围栏设置、制度控制（限制附近地下水饮用）的手段进行全面的风险管控。水平覆盖的上部经过绿化，恢复了良好的生态功能。我国矿山污染场地众多，2019 年全年就治理了超过 100 个矿山场地。矿山大部分位于人烟稀少的地区，风险管控在很多时候是比主动修复性价比更高、更绿色可持续的治理手段。因此，针对我国大范围的矿山污染场地治理，覆盖结合制度控制是一种潜在可行的风险管控措施。

4.3　英国德比市普莱德公园场地阻隔管控案例分析

4.3.1　案例背景介绍

普莱德公园场地靠近英格德文特河畔的兰德比市市中心，总占地面积 80hm²。场地大约三分之一区域是封闭的垃圾填埋场，另外三分之一是旧的煤气厂。剩余区域包括以前的重型工程和砾石坑工程[48,49]。场地的两侧被德文特河所包围。该场地修复目标包括最大程度地减少污染土壤的异位处置，并确保污染物不会迁移到邻近的河流中。因此，该场地的东部（包括垃圾填埋场和煤气厂场地）被一块 600mm 宽的膨润土水泥构筑的垂直防渗墙包围，该隔离墙带有 HDPE 膜，并嵌入下覆泥岩中 1m 深度。防渗墙约 3km 长，最大深度 10m。由于隔离墙周围涉及 36 个地下设施，因此工程变得非常复杂。

18 世纪末 19 世纪初，英格兰中部地区是工业革命的中心和钢铁工业的所在地。到 20 世纪中叶，制造业开始衰落，大量荒芜的土地通常紧临市中心。在过去的几年中，为了促进该地区的复兴，政府引入了替代性行业和服务，东米德兰兹郡的德比市就是其中之一。德比市是与铁路行业相关的重型工业的中心，经济转型使距市中心约 1mile 内的 80hm² 土地被废弃，阻碍了这座城市的发展。该场地以前曾先后作为家庭/工业垃圾填埋场、焦炭和天然气生产、重型工程和砾石提取场地等。

1991 年初，政府在其城市发展战略中引入了一项名为"城市挑战"的新计划，此举起初是为了应对 20 世纪 80 年代初期城市内部骚乱。该计划的设立旨在帮助衰落的工业化城市复苏并促进对投资和社会的改善。"城市挑战计划"根据竞争性招标程序，获胜的城市必须证明它们将如何缓解都市萧条。1992 年，德比市议会成功从"城市挑战计划"中争取到了政府的特殊资助，五年资助期内共获得资助 3750 万英镑，并用于解决普莱德公园的问题。德比市成立普莱德有限公司便于管理实现城市挑战计划目标的资金，其中开发普莱德公园是其最具代表性的项目。"城市挑战计划"为项目提供了启动资金，但资金必须进行大量的修复工作后才能将土地销售的利润用于修复项目。1993 年，Ove Arup&Partners 公司受政府委托设计了一种以阻隔为主的风险管控方案，该方案要求侧重环保和可持续性发展，商业可行且符合工程治理原理。德比市议会负责为该场地提供基础设施和配套服务。

4.3.2　场地情况

在城市挑战基金授权之前，科研单位已经对普莱德公园的部分场地进行了多次现场调查，采集了约 800 个土壤样本，分别测试了共计 22 种不同指标。这项早期工作确定了主要污染物，如油、焦油、苯酚、重金属、氨、硼，乃至堆填区下面存在的一些低放射性物质。

污染物的类型和浓度符合 20 世纪 50～60 年代建造的典型垃圾填埋场污染特征，即硫酸盐、硫化物以及一些重金属的含量较高，同时填充物中灰分和熟料较多。这是由于当时将化石燃料废物作为生活垃圾进行处理。其他重金属和氰化物与 20 世纪 70 年代末和 20 世纪 80 年代初附近 Litchurch 煤气厂拆除遗留的固体废物有关。该场地下方的地下水污染物部分来自上层废弃物，部分来自西部流入的地下水。早期现场调查期间，从附近钻井中抽取的地下水样本表明：镉、铅、汞、镍、氰化物、硫酸盐、氨和酚的含量较高。普莱德公园下方的沉积地质包括河阶砾石和冲积层，覆盖在三叠纪梅西亚（Mercia）泥岩层上，再向上是人为土层，主要包括：颗粒状填充材料、生活垃圾和工业废物。相对平坦的地势引起了地表水的排水问题并导致溢流。该市的煤气工程和工程残渣导致了该场地污染严重，而且市政垃圾还会产生甲烷等气体。

该场地是水平的，其边界由德文特河和主要铁路线构成，德文特河在场地北部和东部，而德比和伦敦之间的主要铁路线在场地南部和西部。除了两个仍在使用的大型储气罐外，旧建筑物已被拆除。河流贯穿整个场地，而干式联合下水道也贯穿于整个场地。通常，土壤分别依次填充在冲积层、阶地砾石和 Mercia 泥岩上（最大 7m 厚度），地下水通常在地表以下约 4m 处。

4.3.3　风险管控方案及目标

自 20 世纪 40 年代开始填充 U 形湖以来，普莱德公园场地的东部一直被用作生活垃圾和工业垃圾的填埋区。1982 年开始接纳建筑业的惰性材料，20 世纪 90 年代初停止接纳。基于高污染区域的深度以及与德文特河之间的距离，在场地的东半部周围安装了一个长 3km、深 10m 的膨润土防渗墙，以防止受污染的地下水进入河中。膨润土防渗墙的一个原则是墙内的地下水位应保持在墙外的地下水位以下，以确保在墙体不受损的情况下，地下水从外向内移动。

在制定重建策略之前，Arup 公司建立了三维场地污染模型，该模型用于识别土壤和地下水污染超标区域的范围。该模型可用于识别污染最严重的土壤区域范围，或为特定场地条件提供决策依据。该模型还可以绘制地表以下不同深度处的污染物的分布，这对修复方案的确定至关重要。模型模拟结果表明，该场地大致可分为东西两部分，东半部分由旧的垃圾填埋场和煤气厂组成，土壤和地下水污染最严重；西半部分以前由砾石坑和重型工业区组成，存在局部清洁和污染土壤，西半部的地下水通常未被污染。在制定重建策略时要考虑的两个主要目标是最大程度地减少污染土壤的异位处置，并确保污染物不会迁移到德文特河中。

Arup 设计了一种基于"适合最终用途"原则的重建策略，包括建造 3km 长的膨润土泥浆防渗墙；建造地下水处理厂；在现有的垃圾填埋场末端附近设置一个排气槽等措施。建设两个现场废物处置库，以容纳受污染的材料。在德文特河附近修建防洪堤。通过内部选取物料或进口物料提高场地的总体建造水平，提供分级的石材隔离层或毛细毯层。

东半部区域受污染程度较高，在垃圾填埋场和煤气厂下方，高污染区域延伸至地面至少 10m 以下，这使得彻底的清除修复技术不经济且不可行。东半部区域的治理是通过安装一个 3km 长、10m 深的膨润土水泥防渗墙封闭该区域，并将防渗墙密封在下覆的泥岩中，将污染物安全地控制在场地内的土壤和地下水中。在墙壁周边的内部和外部分别安装了 19 口监测井，以检查水位。此外，在墙附近安装了 18 口取水井，以保持墙内的低水位。这些井与环形总管相连，地下水被抽到位于普莱德公园东南角的污水处理厂进行处理，然后再排入德文特河。排气槽将环绕垃圾填埋场，以防止垃圾填埋场气体迁移到场界以外，防渗墙内的垃圾填埋场和煤气厂的表层土壤被可渗透的毛细覆盖层保护。650mm 厚的分级石毯覆盖层旨在确保干旱时期任何污染物通过毛细作用的上升都将小于毯层的厚度。降雨可能会渗入整个填埋场，但最终毛细毯层会提供保护。为了最大程度地减少要运出现场的土石方，Arup 公司设计并现场建造了一个完全工程化的垃圾填埋场，可容纳该场地产生的 36000m² 污染最严重的土壤。在受污染较少的西半部区域，修复工作将简单很多，只需将局部受污染土壤清理掉。

利用水文地质模型预测膨润土防渗墙对内部和外部地下水水位的影响。由于墙体产生的地下水流的阻抗效应，墙体外部的地下水位将上升约 0.7m，这对周围的结构和地面影响不大。通过现场抽水试验和进一步的水文地质分析来预测膨润土防渗墙内地下水的上升速度。地下水通过泥岩向上流动使情况变得复杂。取水井和相关系统将安装在防渗墙的内部，以控制地下水水位，并确保墙内的水位始终等于或低于外部水位。如果墙破裂或被破坏，干净的水会流入场地，而不是污染地下水向外流出。毛细防渗毯可促进垃圾填埋场渗流，随着时间的推移，可溶性污染物将被从废物中冲洗掉。

4.3.4 风险管控实施

在该场地的西部还发现了高度污染的废弃物区域。将这些高度污染的废弃物移走并放置在两个现场处置设施中，即"废物处置库"（编号 WR1 和 WR2）。对来自两个废物处置库周围的钻孔进行定期监测，并根据《环境许可条例》进行管制，同时根据这些条款向环境署提交年度监测报告。Arup 公司认为，由于围墙和处理厂的存在，部分已有的生活垃圾掩填埋场可以保留在原地，但重建策略需注重在该"旧垃圾填埋场"区域北缘设置一个排气槽。废物处置库 1（WR1）的设计目的是接受第一阶段重建的污染废弃物，已于 2000 年完成。WR1 位于旧垃圾填埋场的南部，在普莱德公园场地上由膨润土水泥防渗墙所围成的区域内。WR1 内及其周围正在进行的监测位点包括位于 WR1 外围的 8 个监测钻孔（BH1～BH8），用于监测土壤气体和地下水。钻孔建于 1997 年 6 月，深度在地表以下 6.3m（BH5）～12.5m（BH2）之间，每个钻孔终止于河阶砾石和 Mercia 泥岩之间的交界处，其中钻孔 BH4 和 BH5 位于防渗墙的外部，用来提供整个监测期间的土壤气体和地下水浓度背景值。WR2 的建设于 2003 年 12 月完成，WR2 内及其周围的监测点位包括：位于处置库外部的 8 口地下水监测井（W1～W8），以充分覆盖不同水力梯度的地下水；围绕 WR2 均匀分布着 4 处气体监测井（G1～G4）；德文特河上的两个地表水监测点；废弃物中的 5 个上游监测点（L1～L5）；4 个渗滤液检测孔（LDS1～LDS4），用于监测渗滤液的潜在泄漏；渗滤液罐，旨在收集渗滤液，以评估年度渗滤液的体积和质量。

该地面水处理厂由 Purac-Morrison 集团设计并建造，于 1997 年投入使用。它由两个充气平衡罐组成，接着是絮凝和澄清阶段。絮凝阶段加入阴离子型聚电解质和絮凝剂，用来去除溶解的金属和悬浮固体。废水在两个带有大气泡曝气的平行 Kaldnes 移动床生物反应器中进行硝化反应，然后将废水通过砂滤器以除去细小的固体，处理后排入德文特河。砂滤器会定期进行自动冲洗，并将固体返回到设备顶部。从澄清池中抽出废污泥，并将其存储在污泥罐中，然后在污泥带式压滤机中进行浓缩，以便在许可的设施中对污泥饼进行异地处理。污泥带式压滤机产生的液体可返回到处理设备的顶部。为了实现 24h/7d 全天候不间断运行，该设备高度自动化，数据通过遥测传输，以便及时发现关键设备故障。许多参数在线测量，并每隔 10min 记录一次。在 Kaldnes 反应器的进水和出水处测量溶解氧；并记录进水和出水液体的 pH 值、总有机碳、氨含量、电导率和流量。如果最终废水的参数不达标，则抽出井泵将自动关闭，将废水再次导入处理设施进行循环处理。自 1997 年以来，抽出井和水处理厂一直由 Alpheus 环境有限公司操作和维护。最初每月对取水井进行记录，以确定水处理厂将要接纳的地下水量。之后每年对这些井进行采样，以获取重金属和有机物含量等参数。尽管随着污染区域的更进一步处理，地下水中的污染浓度随着时间的推移而降低，但也有可能反弹。进行采样时，取水井抽水需参考地下水位和氨浓度。来自垃圾填埋场历时最久区域中的井中含有少量氨（1～50mg/L），需连续抽水，间歇泵用于抽取其他氨含量较高（150～250mg/L）的井。从 2006 年起，所有提取井中的氨浓度始终低于 100mg/L，从而可以根据供需情况对井进行抽水。监测井中的水质和水位需定期监测，以了解膨润土墙的完整性，排除可能发生的故障以及防渗墙内污染水向外部迁移的风险。但该结果对抽水井的抽水没有影响。除了沿河边界的一些明显的季节性变化外，场地周围保持了符合要求的水位差。当泵的流量和钻孔补给时间变得比附近的钻孔慢得多时，提取井每隔几年就需维护一次，通常通过加入次氯酸钠和喷射钻孔以去除沉积物。

在 1997 年后期的水处理厂调试期间，地下水质量发生了重大变化。值得注意的是，氨和铁的浓度超过了工程设计标准值，因此有必要对原始设计进行更改。原因是原本计划使用的化学修复材料效率低下，因此试验后选择了更合适的化学材料。通过添加磷酸，可以改善 Kaldnes 单元的处理能力和生物量增长缓慢的情况。碳酸盐的沉淀导致 Kaldnes 介质下沉，这可以通过向反应器中添加硫酸并减少通气来应对。最终废水中总氧化氮的含量限制了可处理氨的数量和体积。在工程开始时发现，进水的氨浓度约为 50mg/L，出水氨浓度约为 40mg/L。上述现象可能存在两个原因：首先是由于抽提井中氨的浓度变化很大，其次是由于该工厂并未设计反硝化环节。但是，在 2003～2005 年对工厂进行改造后成功进行了反硝化试验，钻孔中的氨浓度降至 100mg/L 以下之后，水处理厂又恢复了之前的设置，并且有可能再次因满足总氧化氮的要求而限制了可处理氨的数量和体积。通过使用污泥带式压滤机和聚合物，可以实现高达 24% 的干固体含量的处理。当进水的有机物含量低时，可根据需要使用污泥压滤机和滤砂器。该水处理厂的平均进水流量为 15～20L/s。每年的处理水量在 182000～418000m³ 之间，由于垃圾填埋场降雨集水面积的减少，每年的处理水量逐渐减少。迄今为止，已有超过 380 万立方米处理过的废水排入了德文特河。总体而言，该水处理厂在机械和电气方面一直比较稳定可靠。主要的问题是鼓风机、钻孔泵和监控设备，在必要时需进行升级和更换。以上提供的信息为该水处理厂 2000～2011 年间的运行状况。最初从五个关键阶段（进水、絮凝器/澄清池进水、Kaldnes 反应器进水、Kaldnes 反应器出水和最终出水）获取样品，以获得更完整的性能概况。随着水处理厂出水水质的稳定，之后仅从进水和出水水流中取样。尽管进水水质存在波动且负荷率低于预期，但水处理厂的水处理性能总体较好。除少数情况下总氧化氮含量超标，在整个期间内水质基本都达到了排放许可限制要求。

在运营的最初几年，Alpheus 环境公司对该地面水处理厂运营进行了详细评估，并确定了需要改进的地方。逐步设计并实施了全面有针对性的监测计划，在不影响水处理厂的处理性能情况下还大大节省了能源、化学药品消耗和采样成本。能源主要消耗在鼓风机和抽提钻孔泵，其使用的高峰出现在运营初期高进水量期间，以及反硝化期间。在 2000~2011 年，每处理 $1m^3$ 水的平均能耗为 $1.29kW \cdot h/m^3$。通过鼓风机输出，皮带和皮带轮进行尺寸调节，当体积低于设计值时仅使用一条水流，已实现能源降耗 25%。根据进水水质的不同，对散装化学品进行增强和处理的要求也有所不同。特别是在 1998~2002 年，使用大量的氢氧化钠，氯化铁和硫酸的成本很高。由于进行了优化，使用的化学品更少，化学品总成本节省了 80%。最初，由于分析样品的频率和类型，样品分析成本很高。在与环境署就持续良好的排放废水质量进行讨论之后，于 2003 年、2006 年和 2009 年降低了采样频率，从而使这一部分支出节省了 80%。

建设区有 3 个区域需要用到填料：

① 工业地区场地填料 $94000m^3$；

② 场地废物处置库建造的填料 $20000m^3$；

③ 桥基填料 $57000m^3$。

Arup 公司和德比市议会希望使用可持续且性价比高的填料，最终决定使用粉煤灰，这是因为：

① 易从当地的发电站获得粉煤灰；

② 可持续性高，是工业废弃物的再利用；

③ 性质稳定；

④ 质量轻；

⑤ 易存放和压实；

⑥ 材料符合普莱德公园重建策略的要求；

⑦ 终端使用者，如承包商建造建筑时反馈基础性质稳定，几乎没有塌陷等情况。

当地电站提供给普莱德公园的粉煤灰是"调节后的"灰烬，来自电站现场的筒仓或仓库。1996 年 7 月，第一个需要额外填充材料的场地面积为 $8.4hm^2$，为现在德比市足球俱乐部和 JJB 体育场所在地。将粉煤灰（PFA）从交付的铰接式卡车端部倾斜倒出，然后使用 BW6 推土机和 3460 振动式平滑辊进行铺展和压实，压实后的粉煤灰层根据公路工程运输部规范进行验收。该技术规定了放置和压实粉煤灰填充材料的要求，适用于普莱德公园所有场地的重建工程。普莱德公园的开发土地由 12 个面积各异的场地组成，总共需要约 $93938m^3$ 的粉煤灰。

在普莱德公园的土地上进行重建的过程中，总共有 93015m³ 的污染（特殊）废物需要存放在两个原位建设的废物处置库中。其中一个位于普莱德公园的东南角的现有垃圾填埋场现场，该储存库旨在容纳 54679m³ 的污染（特殊）废物。储存库尺寸设计为 126m×126m×12m。粉煤灰是此存储库基础结构的部分材料，基础地层的施工时间为 2002 年 10～12 月，共消耗粉煤灰总量 20336m³。通常，使用 D6 推土机和 BW6 光滑轮式振动辊在几层粉煤灰中构造基础构造层。将粉煤灰堆置成厚度为 250mm 的层并轧制，每层至少接受 6 次轧制，并对整个生产过程进行监控，需达到规范所要求的 95％ 或更高的压实度。过去 10 年中潮湿的天气条件阻碍了施工速度。天气影响导致施工期间粉煤灰中出现了几个"软"区。对这些区域用以下几种不同的处理方式：

　① 完全去除软区，并用新的粉煤灰代替；

　② 去除顶面（100～150mm），并用"新鲜"的粉煤灰代替；

　③ 在放置下一层 PFA 之前，先将软区进行"干燥"。

湿的粉煤灰先烘干至干燥后方可使用。规范要求在施工期间对粉煤灰进行一系列测试。所需的测试如下：

　① 水分含量符合 BS 1377：第 2 部分标准，每 400 立方米填料中进行 1 次；

　② BS 1377：第 9 部分的原位密度测试标准，每 400m 进行一次测量。

水分含量和原位密度测试的结果用于确认压实度是否达到 95％ 或更高的要求。为了监测现场工作的进度并确定测试地点，将"计划"存储库分为东、西、南、北四个象限；每个象限的大小约为 63m×63m，分级结果符合规范的要求。在基础构造内以不同的频率进行了现场测试。测试是根据 BS 1377：第 9 部分进行的。存储库中心粉煤灰基础层的总厚度大约为 2.0m，存储库边缘逐渐减小到大约为 1.0m。在粉煤灰中进行测试的第一个位置是底部上方 600mm，其次在底部上方 1200mm，然后在底部上方 1800mm，最终位置在完成的表面上。在原位密度测试过程中，有一些结构无法测试。承包商使用上述方法之一对这些区域进行了"重新施工"，并对材料进行了重新测试。

当从承包商那里得到测试结果时，Arup 公司不断审查结果，并得出结论：基础构造层是按照规范要求构造的，并且现场测试结果符合各项要求。原位密度测试显示压实度的总体平均结果为 99％。每个象限的平均压实度和含水量结果如表 4-2 所列。65 个结果中有 3 个低于 95％ 的要求（北象限 1 个 94％，南象限 1 个 91％，西象限 1 个 94％）。这可能与测试方法误差有关，整体上粉煤灰的压实度不存在任何明显问题。

表 4-2 象限内压实情况

指标	北象限	南象限	东象限	西象限
平均压实度/%	99	99	100	99
含水量/%	26	26	28	30

防渗墙的最小厚度为 600mm，并至少延伸进入泥岩 1m。大致尺寸为长 3000m，面积 22000m²，最大深度 10.2m，最小深度 5.1m，平均深度 7.4m，涉及的地下设施 36 个，膜板 560 个。在当时，该防渗墙既是英国境内同类防渗墙中最长的，又是具有最大标高的。所在场地有如此多地下设施和深度的垂直隔离墙在当时也十分鲜见。

防渗墙需要包含膨润土/水泥浆和 HDPE 膜。要求该浆料在 28d 时具有1×10^{-8}m/s 的最大水渗透率，14d 的最小不排水抗剪强度达 25kPa，90d 的最小无侧限抗压强度达 150kPa，在 90d 的有效围压＞120kPa 时，其最小破坏应变为 3%（固结排水三轴压缩试验）。HDPE 膜的最小薄板厚度应为 2mm，并且膜和面板连接系统的任何一点都应具有不超过 1×10^{-9}m/s 的水渗透性。此外还规定了最小拉伸应力、屈服应力和断裂伸长率。

根据 Bachy 先前签订的合同以及现场使用材料的实验室测试结果，使用了以下浆料混合物设计：粉碎的高炉矿渣粉 120kg/m，钠膨润土 35kg/m，普通硅酸盐水泥 30kg/m，水 934L。外加剂用于协助混合过程，减少沟槽中的过滤损失，并在必要时将最初的浆料延迟至可以放置 HDPE 膜再固结。

膨润土、水泥和粉碎的高炉矿渣在加压罐（24t 负载）车中输送到现场，膨润土/水泥浆在现场设置的配料厂中进行混合。混合分以下三个阶段进行。

(1) 第一阶段

将包含大约 90% 的水和膨润土粉末的主浆彻底混合（UFB 混合器），并在罐中储存过夜以进行水化反应。

(2) 第二阶段

将胶凝材料（普通水泥和高炉矿渣）与剩余的 10% 的水混合（FCP 混合器）。

（3）第三阶段

包括转移水化的主浆和新鲜混合液，将水泥浆输送至容量为 $10m^3$ 的大型搅拌机，在其中生产最终浆液，最高日产量为 $280m^3$。

例行检查包括：

① 在浆液生产过程中，通过泥浆平衡每天对主要浆液和最终浆液的密度进行检查（最多 3d）以确认混合过程的正确性；

② 每周对搅拌机秤进行校准；

③ 对黏度进行检查（由 Marsh Cone 负责），以确认是否适合泵送至沟渠；

④ 检查样品稳定性，将样品放入 1L 有盖量筒中，并在 24h 后测量溢出水量，所测得最大值为 4%，说明样品稳定。检查混合物的稳定性。

工程总体从 1994 年 6 月 20 日开始，工程的总承包商 Morrison Construction 分配 Bachy 有限公司来建造由 Ove Arup and Partners 设计的垂直防渗墙。原定于 6 月 29 日开始施工，但由于该分包合同授予时间较晚，因此直到 7 月 18 日才开始施工。施工顺序的控制性工程要求尽早完成 Wyvern 桥的建造，以便可以进入德文特河上的工地，后期可以进入东米德兰兹加油站和办公区，其中大部分设施位置已确定，并且需要将 36 项设施纳入整体建设计划。使用长臂反铲机械对防渗墙进行开挖，一开始时便将膨润土/水泥浆泵送（通过直径为 100mm 的钢管，最大距离为 1.5km）到沟渠中。随后在泥浆下方开挖，直到在沟渠中发现 Mercia 泥岩的顶部，然后使用带子测量沟渠的深度，并继续挖掘以达到所需的渗透到泥岩中至少 1m 的深度。沿防渗墙的整个长度方向上 1m 的间隔记录进入泥岩的深度和防渗墙的最终深度。通常将沟渠沉淀物放置在沟渠旁边，并在泥浆凝结后由 Morrison Construction 公司清除。

当达到所需深度时需在浆液凝固之前安装 HDPE 膜。HDPE 膜以 5.7m 宽的面板供应到现场，并根据预设的墙深将其切割成一定长度。每个膜面板的底部均留有小部分富余，这些富余部分可钩入放置架底部的定位点连接，然后将面板的顶部连接到张紧装置上，将面板紧箍到框架上。随后将面板和框架一起用起重机吊起，并放入流体浆液中沉至沟槽底部。将另一块面板和框架一起下放至沟槽中，使接合部分互锁，止回阀安装在凹形部分中。安装第二个面板后就可以将第一个面板从框架上松开（通过释放张紧装置），然后将框架抽出，并完成接头的锁定和密封。接头系统已经在美国和英国的实验室进行了测试，发现在接头上的压力超过 5bar

（1bar＝0.1MPa，下同）仍然有效，该压力远远超过可能的现场需求。随后继续施工，开挖沟槽，安装隔膜。在每个工作日结束时，将临时挡块安装到Geolock接头上，以保护膜在开挖相邻面板时不受损坏。一天中最多可安装8块膜板。

在开挖完成后和安装膜之前，从沟中获取膨润土/水泥浆的样品，样品的取样频率为每20m长防渗墙体取一组或每天一组。一组样品包括从墙的顶部、中间和底部开始的两个样本。使用从地面操作的远程采样器获得样品后，将流体浆液放入直径100mm、长450mm的塑料管中。将它们密封在现场并放置2周，然后转移到专业实验室进行测试。

如上所述，防渗墙涉及36个设施。运行之前，尽可能在设施周围完成防渗墙，并在HDPE膜上安装临时止动端，以允许后续连接。建造的细节包括：

① 手动开挖，并在低于该设施的深度下挖掘至浆液所需的深度；

② 将双凸型膜（已切出用于维修的位置）外置在框架上，将膜的顶部向下滚动，在使用中移动膜和框架，让浆料凝固；

③ 用带有氯丁橡胶和水硬石的膜套包裹焊接膜，并用不锈钢带密封，展开维修管道周围的膜板，然后焊接到膜套上；

④ 加满泥浆并安装止动端。对于只有两个的深层拦截通道，Morrison Construction有必要安装板桩围堰以允许液体进入下水道并进行局部脱水。整个防渗墙需在26周内建成。

总共采集了922个浆料样品用于定型浆料测试以表征符合性性能（表4-3）。根据工程师的选择，对其中305项进行了测试，以确定14d的抗剪强度，28d的渗透性，90d的应变和90d的无侧限抗压强度。结果总结如下：

表4-3　符合性性能测试

测试类别	参数要求	测试次数/次	符合度/%
抗剪强度	＞25kPa	76	100
渗透性	＜1×10^9m/s	81	90
应变	＞3%（G）＞120kPa ECP	71	93
无侧限抗压强度	＞150kPa	77	100

注：ECP——External Counterpulsation。

从第7天开始，手动从已固化的苯二酚水泥浆液中小心除去顶部的0.5m浆液，然后用锋利的刀将留在地面上方的膜修剪成所需的高度。在墙中心线的任意一侧的宽度 2.5m 处的地面降低 0.5m，并用黏土盖回填整个地面，以防止泥浆干燥并保护其免受损坏。

该场地的污染物主要是地下水中的重金属、多环芳烃和苯酚。这些对膨润土/水泥浆液存在潜在影响，其作用机理简述如下：

① 酸：与水硬性黏结剂的钙基成分反应后，胶凝化合物遭到破坏；

② 硫酸盐：与铝酸盐的反应形成膨胀盐，例如石膏和钙矾石，可能会引起开裂；

③ 硫：在某些条件下，其氧化会形成硫酸盐，H_2S 被氧化生成硫酸，具有腐蚀性；

④ 铵：Ca^{2+} 和 NH_4^+ 之间发生交换反应，导致水泥钙基成分部分溶解；

⑤ 酚类：酚类污染物的酸性导致重金属溶解，具有腐蚀性，也可能通过与钙离子交换而引起胶凝基质的膨胀和破裂；

⑥ 芳烃：例如多环芳烃，与水泥浆混合时水化反应可能会减慢。

污染物对膨润土/水泥浆液的影响程度取决于每种物质的浓度。如果使用普通硅酸盐水泥和磨碎的高炉矿渣的混合物，通常采用以下限制：pH 值大于 4.5，硫化物小于 5mg/L，硫酸盐小于 6000mg/L，酚类小于 10mg/L，铵类小于 100mg/L，多环芳烃在浆液中小于 10%。

该项目还评估了泥浆混合物本身的耐久性。为了使浆液明显变质，必须有足够数量以及浓度的污染物与防渗墙接触。检查表明，只有约 8% 的挖土取样样品和 5% 的钻孔样品中的污染物浓度会影响膨润土/水泥浆的耐久性。这些污染样点的空间分布表明，大多数区域处于隔离范围内，并且位于远离墙线的位置。在道路北端的区域似乎存在土壤污染的位点。但是，这些通常是从浅层样品中测得的，大部分材料可能不会有影响。因此，所构造的防渗墙包括 600mm 厚的膨润土/水泥浆壁和 2mm HDPE 膜，足以阻隔所暴露的污染。如有需要，可在一定范围内通过使用特定的试剂，例如火山灰材料（粉煤灰、硅粉等）、可溶性硅酸钠、特殊黏土等，来提高常规膨润土/水泥浆的耐久性。但就耐久性和低渗透性而言，使用 HDPE 膜形成复合隔断墙是可用的最佳技术。通常认为，在与 HDPE 的复合隔层中使用增强的浆料混合物不是必需的。

4.3.5　监测与效果评估

现场施工之前已开发了一套环境监测系统，便于在重建工程期间和之后对空气质量、土壤和地下水状况进行监测。通过在墙体的任一侧钻孔等一系列监控孔来验证防渗墙的性能。由于防渗墙的主要目的是隔离垃圾填埋场下方重度污染的地下水，因此监控重点在于分析地下水的状况。地下水抽取系统旨在将防渗墙内的水位与外部水位保持水平或低于外部，因此监测防渗墙两侧的地下水水位可很好地揭示其连续性。任何可疑的读数可以通过分析地下水质量进行分析。如果分析表明墙外存在污染物，则可以通过在可疑区域附近另建造一定长度的防渗墙来补救。墙壁的设计寿命约为 50 年。随着时间的流逝，地下水抽取系统将逐步改善围墙内的地下水水质。可以预计，当防渗墙达到其设计使用寿命时，防渗墙内的可溶性污染物浓度不会明显大于墙外部，无需进行更换。该项目在 26 周内成功安装了 3000m 长的防渗墙，对浆料样品的测试表明 90% 以上符合规范，可保证大约 60hm² 的土地用于再开发，证明了这种风险管控技术的效果。

4.3.6 案例小结

项目合同价值总计为 157 万英镑或 61.6 英镑/m³，与任何其他治理方式相比（包括挖土和运走）都具有优势。自防渗墙建成以来，已售出了三块开发用地，其中包括一块占地 8.5hm² 的大型开发用地，用于德比市足球俱乐部足球场建设。因此，德比市的普莱德公园膨润土/水泥浆墙的设计和安装证明了这种重建方式的成本效益和速度优势。普莱德公园污染场地通过一系列防渗墙组合配合填埋、衰减和水处理技术进行了重建，由城市挑战奖励计划启动的"逐块"修复策略为该场地的逐步清理计划提供了资金，这已成为英国许多类似大型场地重建的成功模型。与英格兰和威尔士环境局和其他利益相关者的积极互动促进了承包商、顾问、客户和管理者之间的协作关系。因此，在项目的不同方面都实现了实际成本的节省，包括监测方案、化学品的使用和能耗等。普莱德公园的水处理厂已经运行了近 14 年，在此期间已经处理了近 400 万立方米的地下水，政府免除了其一定的费用从而大大节省了运营支出并提高了效率。对于水处理厂未来的运营而言，面临的挑战是如何在现场进行新的开发，并将现有基础设施优化并维持在可持续处理地下水的水平上。

英国德比市普莱德公园场地阻隔管控案例使用垂直阻隔墙对污染场地实施了封闭式的风险管控，并结合地下水抽出-处理技术更快的对污染源进行了清理和削减。该场地进行了成功的重建并且焕发了新的生机（已售出三块开发用地）。对我国大量的城市污染场地的重建和再利用具有重要参考价值。

4.4　美国俄勒冈州泰勒木材厂场地覆盖和阻隔管控案例分析

4.4.1　案例背景介绍

泰勒木材处理厂（Taylor Lumber and Treating，TLT）场地位于俄勒冈州谢里登（Sheridan，Oregon）的亚姆希尔（Yamhill）县。该场地属于超级基金场地，2001 年6 月 14 日被美国环境保护署（EPA）列为国家优先控制场地名录（National Priorities List，NPL），场地标识号为 ORD009042532[15-19]。

TLT 工厂运营期为 1946～2001 年。1966 年，木材的处理设施在厂区的西部区域开始投入运营，主要工艺是将道格拉斯冷杉原木处理为木桩。TLT 使用的主要木材处理化学品包括杂酚油、五氯苯酚（PCP）和亚砷铜铵（砷、铜、锌和氨的溶液）。TLT 工厂于 2001 年停止营业运作，且于当年申请破产。俄勒冈太平洋木材保护局（Pacific Wood Preserving of Oregon，PWPO）与 EPA 签订了潜在购买者协议，购买了木材处理工厂的部分设施。PWPO 开始接手木材处理厂，并于2002 年 6 月投入运营。其他实体企业则购买了曾经属于 TLT 的剩余部分厂区设施。PWPO 使用铜和硼酸盐基溶液对木材进行处理，PWPO 在 TLT 曾经使用的场地上进行木桩的储存和处理。木材的处理设施分布于厂区东部，未经处理的木材则暂存于厂区西部。自 2002 年以来，新的建筑建成，且部分区域用沥青或砾石覆盖。

TLT 场地的治理措施主要集中于 PWPO 设施的木材处理区域，开展治理的区域处于罗克克里克路（Rock Creek Road，RCR）以西约 37acre，分为处理厂区（Treatment Plant，TP）、白杆存储区（White Pole Storage，WPS）和处理后木桩存储区（Treated Pole Storage，TPS）。TLT 场地内部首要污染区及其污染源包括：

① 包括稠密的重质非水相液体（DNAPL）在内的地下水污染，分布于 TP 区域附近，污染来源于地上储罐，滴水垫和油罐化学品的滴落、溢出和泄漏；

② TP 区域附近和 TPS 区域附近的表层土壤污染，污染来自木材处理化学品的泄漏；

③ 毗邻工厂设施路边沟渠中的表层土壤污染，污染来源于地表水径流，与木材处理相关的溢漏以及污染粉尘的沉积；

④ 位于厂区西北角的土壤储存区，现场进行临时处置和清理的土壤存放在这个区域。

对于该场地使用覆盖和阻隔的方式进行了有效治理。

4.4.2 场地情况

(1) 场地地质

在 TLT 场地内观察到了填料、上层细粒冲积层、下层粗粒冲积层和粉砂岩四个不同的地质单元。填充材料由粉质、砾石黏土和砾石组成，厚度可达 5ft。未固结的冲积层和河流阶地沉积物覆盖在粉砂岩之上。上层冲积层由粉质黏土和/或黏土质粉砂组成，厚度范围约为 3.5～10.5ft。下层冲积层由砂质粉砂和粉质砂组成，随深度增加不断演化为砂砾石。下冲积层的厚度范围为 3～13ft，平均大约为 7ft。粉砂岩为亚姆希尔（Yamhill）岩层，厚度约 2000ft。总体而言，粉砂岩具有块状特征，并且没有明显的初始或次生渗透性。

(2) 地下水

在场地下方相对较薄的冲积层形成了一个稳定的局部含水层。该场地下方的粉砂岩的厚层序列作为补给水文地质单元，被视为西部威拉米特河谷的基底约束单元。现场监测井中测得地下水深度低于地面（bgs）约 2～10ft，下部的冲积层具有较高的水力传导率，分布于该场地的主要含水区域。

(3) 地表水

在 TLT 作业期间，场地内的地表水流到厂界外沟渠，最后流到南亚姆希尔河（South Yamhill River，SYR）。现场污染区域（即处理厂和处理后木桩存放区域）汇集的地表水经雨水处理系统处理后排入 SYR。场地其他部分的雨水则通过沟渠流入河中。路边的沟渠在夏季是干涸的，并不适宜鱼类等生物生存。

(4) 地形地貌

场地地势从西北向东南倾斜且坡度缓慢下降。该场地西北角高于平均海平面（Above Mean Sea Level，AMSL）约 210ft，南部地面海拔大约 205ft，SYR 距场地南部边界约 200ft。场地紧靠 18B 号公路以南，以 185ft AMSL 的高度陡降至 SYR。

一些住宅位于场地以东，沿 RCR 和西谷高速（West Valley Highway）分布。

西谷高速以北的 RCR 的一处住宅内经营着一家小型锯木厂。此外，在西部场地的边界之外还有一处住宅。西谷高速路以南空置的场地属于某实业企业。

（5）污染来源

在 TLT 场地内，历史的污染源包括与以前的木材处理设施有关的区域，例如处理厂处理区，处理过的木材和受污染的设备所在地，处理后木桩的存放区、场内储罐化学品滴落、泄漏和溢出区域等。此外，在现场进行的临时措施和早期修复措施挖掘的污染土壤也被合并存放到污染土壤存储区内，土壤中的污染物可能会通过风力或雨水径流而迁移到其他区域。地下水中的污染物可能会通过地下水流而迁移到非场地区域，如 SYR 或 RCR。

（6）场地概念模型

TLT 场地内的地表和地下土壤（包括沟渠土壤）及地下水中检测出较高的污染物浓度。在 2000 年之前，污水处理厂下方的非水相液体（DNAPL）是主要的地下水污染源且未经阻隔控制。主要的污染途径包括污染土壤遭受到风蚀；场地的地表径流流至场外沟渠，最后流入 SYR。到 2000 年年底，这些污染源已经被纳入更新后的 CSM（Conceptual Site Model，场地概念模型）中。阻隔墙对地下水中的 DNAPL 进行阻隔处理，消除了 DNAPL 污染源对地下水的污染，对污染最严重的表层土壤已进行覆盖。新建雨水处理和排水系统用于处理从木桩存储区和处理厂区内集中收集的地表径流。

基于场地的合理土地利用确定了潜在接触途径，以表征人体健康风险（图 4-3）和生态风险（图 4-4）。影响污染物传输过程的介质包括：

① TLT 场地及其附近场地表层和地下土壤；

② TLT 场地附近道路侧边沟渠中的表土；

③ SYR 或 RCR 的地表水和沉积物；

④ 隔离墙内外地下水；

⑤ TLT 厂区附近的地下水，包括附近居民的水井；

⑥ TLT 场地和附近场地周边的空气。

约翰·泰勒（John Taylor）于 1946 年购买了位于 RCR 以东的锯木厂，1966 年购买了土地用于放置木材处理设施。该场地位于 RCR 的西面，以前曾用作汽车电影院。1967 年泰勒去世，随后他的妻子凯瑟琳·泰勒（Catherine Taylor）获得了该公司的所有权。1983 年泰勒夫人去世后，公司由其女凯伦·泰勒（Karen Taylor）

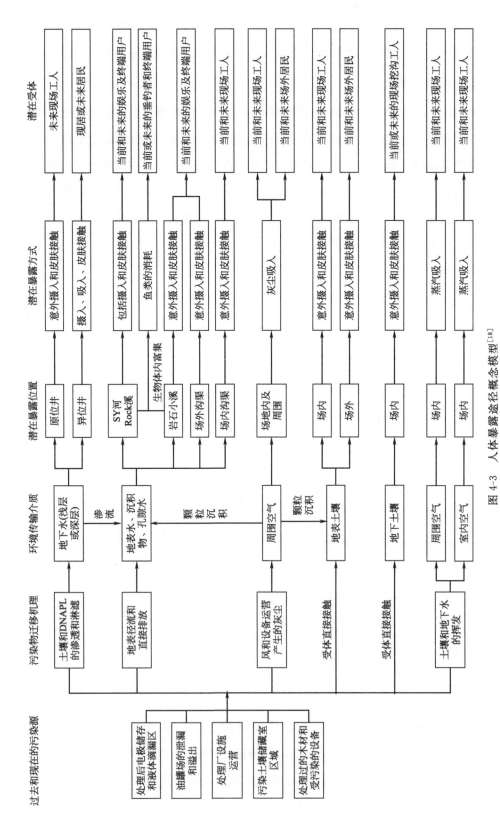

图 4-3 人体暴露途径概念模型[18]

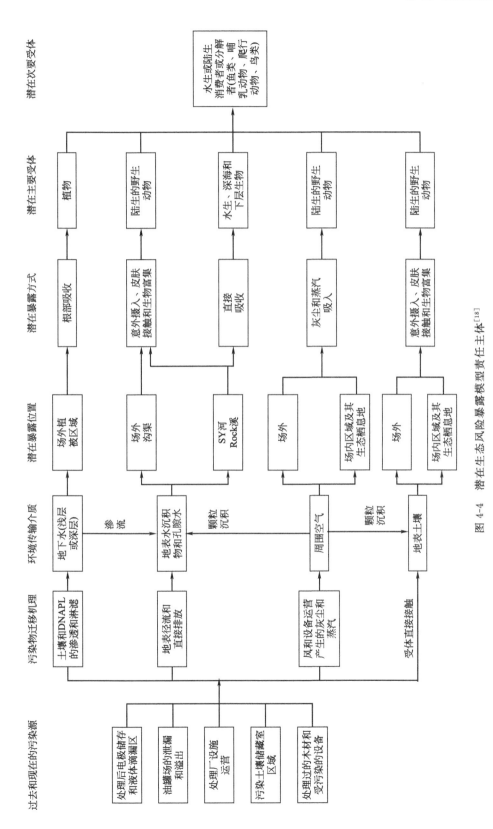

图 4-4　潜在生态风险暴露模型责任主体[18]

和卢辛达·霍夫曼（Lucinda Hoffman）所有。1985 年泰勒·卢姆（Taylor Lumber）购置了锯木厂以东的场地，该场地曾是博伊西·喀斯喀特（Boise Cascade）切屑厂，并于 1998 年出售给谢里登森林产品（Sheridan Forest Products）相关企业。

该场地的其余部分于 2002 年 1 月出售给俄勒冈州的太平洋木材防腐公司（Pacific Wood Preserving，PWP）。根据 PWP 与 EPA 之间以及 PWP 与环境质量部门（Department of Environmental Quality，DEQ）之间的潜在购买协议，对 PWP 的环境行动有所限制，以期其继续执行已有的环境质量控制协议。这些控制措施从决策记录（Record of Decision，ROD）中进行选择，并作为临时补救措施以防止污染地下水向厂界外迁移或直接暴露污染土壤。根据 EPA 与 DEQ 之间的超级基金协议，DEQ 必须监督 PWP 执行修复和维护活动（Operation and Maintenance，O&M），如 PWP 无法按规定执行，则 DEQ 可能被要求接管运维。

（7）实施管控的基础

现场调查确定了表层、深层土壤以及因木材处理过程产生的浅层地下水污染物（二噁英、五氯苯酚和砷）。管控措施以人体健康和生态风险评估的结果为基础，且已发现对人体健康风险和生态环境造成危害的途径包括直接接触、摄入和吸入污染土壤和地下水。

（8）响应行为

该场地的早期清理工作包括场地平整和清除路边沟渠中砷和二噁英污染的区域，并在处理区域下方安装一道膨润土浆阻隔墙以阻隔非水相液体（NAPL）。铺砌由隔离墙围住的地面，并在隔离墙内建造地下水抽取系统，以保持场地内水力梯度为负。2000 年，临时治理活动产生的污染土壤被转移到该场地西北角的土壤储藏区域内。

2004 年 11 月，EPA 对位于 PWPO 厂区正东的住宅区进行了拆除。从住宅区前院和边院挖出砷、五氯苯酚和二噁英污染表层土壤，并用干净的表土和植被覆盖。约 510t 的材料被清挖并转移至异地垃圾场进行处置。2005 年夏，EPA 进行了第二次清挖行动，清挖住宅附近排水沟中的土壤，并将挖出的土壤（约 138yd³）在现场进行了压实。

2005 年 9 月 30 日，EPA 发布了该场地的决策记录（ROD）。ROD 确立了如下管控行动目标：

① 防止 NAPL 和受污染的地下水向隔离墙外部迁移；

② 限制人类接触隔离墙内外浓度超过联邦饮用水标准的污染地下水；

③ 减少受污染的地下水向邻近地表水（RC 和 SYR）的迁移，以保护生态受体；

④ 减少或消除超标土壤直接暴露于环境（土壤摄入、皮肤接触以及吸入）的风险；

⑤ 减少或消除沟渠中污染土壤对生态受体的影响。

ROD 要求的管控措施包括：

① 开挖或固化并覆盖污染土壤；

② 地下阻隔墙系统的持续运行和维护（O&M），包括从泥浆墙内部持续抽取和处理地下水；

③ 将泥浆墙管控内区域原有的 1.9hm² 沥青覆盖层替换为低渗透性的覆盖层，使其受工业活动影响更小，从而消除人接触污染土壤的可能性；

④ 长期监测地下水；

⑤ 实施土地和地下水利用的制度控制。

4.4.3　风险管控方案及目标

管控区域包括污染临时治理实施区域和无任何临时治理的污染土壤。该场地的修复工作包括木桩存储区区域覆盖，清除路边沟渠中的砷污染区域，并安装膨润土浆阻隔墙，以阻控处理厂区区域地面以下的非水相液体（NAPL）。隔离墙内构造的抽水系统可维持向内的水力梯度。除了临时修复产生的污染土壤外，对历史遗留的污染土壤也进行了收集，并于 2000 年移至位于该场地西北角的土壤储存区域。自 2000 年以后，被转移到这些储存区域中的土壤相对较少。

(1) 阻隔墙

阻隔墙系统于 2000 年完成，由多个可运行的组件共同满足整个区域的治理行动（Removal Action，RA）目标。土壤-膨润土阻隔墙长 2040ft，占地 6.05acre。阻隔墙构造从地表直接延伸到底层粉砂岩顶部，深度范围为 14～20ft。泰勒木材处理场地下方的粉砂岩起到了基础的作用。阻隔墙被楔入粉砂岩中，以最大程度地减少污染地下水沿墙底部的渗漏。阻隔墙的设计宽度在 30～36in 之间。2000 年 8 月 23 日，承包商提交的意见书指出该墙的最小宽度应为 30in，参数选择需经过 EPA

现场协调员确认。阻隔墙由膨润土和干净的土壤混合物组成，墙渗透率小于 1×10^{-7} cm/s。

（2）防护盖

在阻隔墙的顶部安装了一个防护盖，避免因重型设备运输造成墙体破坏。阻隔墙防护盖的详细设计如图 4-5 所示。防护盖由最小 30in、厚 8.5ft 宽的基础骨架组成。将 2.5ft 宽的侧壁按 1∶1 的坡度组装至防护盖中，防护盖最小宽度为 13.5ft。防护盖的底部和侧面都铺设有低渗透率（4×10^{-12} cm/s）的土工合成黏土衬层，上面覆盖有稳定路基的土工布，最后用沥青盖覆盖在该防护盖上。

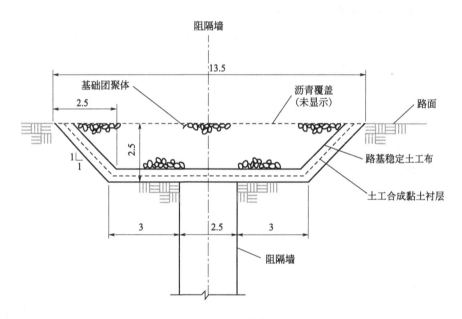

图 4-5　阻隔墙防护盖[16]（单位：ft）

（3）沥青覆盖

2000 年铺设的沥青覆盖面积略微超出了阻隔墙和防护盖的面积，共占地约 6.75acre。在该区域中，已有建筑覆盖占地约 1.44acre，混凝土面积为 0.21acre。沥青覆盖用来阻止雨水渗入被隔离墙包围区域下方的地下水，阻断了人们直接接触被污染的地表土壤。但该区域覆盖位于 PWPO 厂区的中央位置，并且有重型设备在上面经过。因此，为了保持其完整性并实现首要防护目标，沥青防护的设计必须满足可持续运行且不被破坏的需要。现有的覆盖层设计包括 2in 厚的基层和 2in 厚的磨损层，磨损层处于 18in 厚的砾石基层之上。覆盖层规格路面测试表明，现有沥青厚度处在 3.6～6.0in 之间（平均 4.8in），总基础厚度为 1～14in（平均

8.8in）。自 2000 年安装沥青覆盖层以来，多个地方因基层厚度的变化而出现沥青覆盖失效的情况。

（4）地下水抽提系统

在阻隔墙内安装了 4 个直径 6in 的气动泵地下水抽取井，以形成向内的水力梯度，防止地下水从墙内向墙外迁移，并防止水位上升到防护盖上方。PWPO 估计，根据季节的不同，每天可回收地下水高达 360gal。地下水排放管和空气供应管最小深度位于地面以下 24in，并置于距离该场地最近的废水接收罐或集水坑，然后将其输送到 PWPO 内现有的雨水处理系统（SWTS）。

控制阻隔墙内的地下水高度可确保沥青覆盖的结构稳定性，但必须定期监测水位。如果地下水水平面高度太接近地面，则表面的承重能力下降，该区域沥青盖在重载作用下可能会失效。

（5）储备场地

处在厂区西北角的储备场地由三个线性排列的存储单元组成。存储单元建于 2000 年 7～10 月，分别由一个用于围堵的护栏，一个高密度聚乙烯（HDPE）底部衬里和一个 HDPE 覆盖层组成。根据 RA 的报告显示，存储单元 1 护栏高 2.5ft，存储单元 2 和 3 护栏高 5ft，坡度从垂直到水平两侧并衬有 0.5mm 的 HDPE 衬里。

2005 年 7 月，EPA 采取了一项临时管控措施，即从 RCR 东侧的沟渠中挖出了约 140yd³ 的土壤。在存储单元 2 的南侧建造了一个入口坡道，并将沟渠开挖的土壤放在存储单元 2 的局部区域，之后用塑料衬里覆盖且用重物锚定。

（6）表层土壤

RA 规定的一部分待处置的表层污染土壤位于以下区域：

① 面积为 2.67acre 处理后的木桩存储区 1（TPS-1）和面积为 1.61acre 的处理后木桩存储区 2（TPS-2），其中砷的浓度大于 159mg/kg；

② 0.4acre 的白杆存储区 WPS。

（7）交通设施沟渠

该 RA 管控区域包括约 3890ft 的原位污染沟渠。大部分沟渠与该场地相邻，包括以下区域：

① 西铁路沟（RRD-W）：位于场地的西北角，沿威拉米特太平洋铁路（WPRR）轨道的南边缘；

② 东铁路沟（RRD-E）：位于场地的东北角，沿 WPRR 轨道的北边缘；

③ 罗克溪路沟（RCRD）：位于罗克溪路西侧，从场地的东北角到东南角；

④ 公路沟（HWYD）：位于场地的西南角，沿 18B 高速公路的北边缘，延伸到场地的东南角，18B 高速公路和 RCR 的交叉点。公路 18B 下方有 3 个涵洞，HWYD 和 RCRD 路线中有 10 个涵洞。

(8) 排水沟

该场地有两条排水沟，一条向南通往 RCR，另一条通向 SYR。污染土壤清挖从每个涵洞出口向下游挖掘，直至坡度下降 10ft 为止。Rock Creek 坡降 10ft 以外的部分也进行清挖。SYR 的其余部分（SYR 出口坡降 10ft）最初并未根据土壤表征的结果进行开挖，而是基于涵洞出口开挖过程中的观察结果以及在此过程中收集的数据进行。根据独立于 RA 的 EPA 协议，分别于 2007 年和 2008 年对 SYR 涵洞下游的土壤进行挖掘。

4.4.4　风险管控实施

4.4.4.1　低渗透性沥青覆盖

低渗透性沥青覆盖的安装包括以下内容：

① 在安装低渗透性沥青覆盖之前，修复开裂和损坏的路基；

② 在现有人行道遭到严重破坏的地区重建人行道和路基，包括更换不合适的路基材料。将已有的沥青和基础材料粉碎与波特兰水泥混合，形成水泥循环沥青基础稳定剂（CRABS）。铺设低渗透性沥青之前对这些区域进行平整和压实；

③ 排水设施改造，更换阻隔墙区域内现有的开放式沼泽混凝土沟渠；

④ 其他整改措施以提高地表完整度，满足铺设工作；

⑤ 铺设 4in 厚的低渗透性沥青层，渗透性满足 1×10^{-8} cm/s 要求。

4.4.4.2　现有的铺面维修和重建

(1) 铺面修补

总共确定了 10 个严重开裂和明显铺面损坏的区域，10 个修补区域总计约 3979ft² 。铺面修补包括锯开现有路面，并保证超出受损路面的范围；开挖损坏的路面和 12in 的底层路基材料；在重铺沥青之前将路基材料回填物合理放置、压实

（保证在 6in 左右）。

质量控制使用核子密度计验证基础集料和新铺设的沥青的压实度是否满足压实标准。在压实测试期间，铺设分包商最初报告的所有测试结果均满足压实要求。工程师发现铺设分包商已将核密度读数与标准普洛克特曲线（Standard Proctor Curve）（ASTM D698）进行了比较，而该规范要求使用改良标准普洛克特曲线（ASTM D1157）。与校正后曲线比较发现，10 个修补工作区域中的 4 个（修补 1#、3#、4# 和 5#）未满足压实要求。铺设分包商自 2007 年 7 月 1 日起提供了 5 年保修作为纠正措施，以规避不满足 EPA 要求所需的返工。

（2）重建铺设

该场地约 3.2acre 用于路面重建或水泥循环沥青基础稳定剂铺设。铺设分包商将 CRABS 分为 5 个区域。阻隔墙内 CRABS 区域的边界延伸到了阻隔墙外部现有路面的边缘。在开始使用磨床对现有路面进行粉碎之前，先对内部局限性进行分析调查并在路面上进行标记。然而，承包商或其分包商未对隔离墙之外的人行道进行调查。

承包商或其分包商建议在 CRABS 区域的范围内进行几处细微变动以简化施工过程并促进排水，在图纸上用一般参考或近似测量值记录下来，但未在铺设低渗透性沥青覆盖层之前进行过调查。

两次磨床机器完成了 CRABS 的铺设：第一次磨床将现有的沥青研磨成粉状，然后将波特兰水泥添加到粉碎的沥青表面；第二次将磨床设置为 12in 深度，并添加水以与粉化的沥青、硅酸盐水泥及路基土壤和集料均匀混合。波特兰水泥的施用量和混合深度由分包商现场技术人员监控，并将记录结果提交给 EPA。混合操作完成后，在用振动辊压实之前，使用道路平地机械对 CRABS 材料进行重新分级。在压实过程中，每次通过振动辊压实之后，密度技术员均利用核子密度计监控压实程度。压实持续进行直到密度读数显示每次压实度之间的波动不超过 $0.5 lb/ft^3$（$1 lb/ft^3 = 16.02 kg/m^3$，下同），压实过程中同时使用水车保持 CRABS 的表面湿润，直到路面低渗透性达标为止。

（3）低渗透性沥青的铺设

低渗透覆盖层的铺设包括以下内容：

① 转移所有储存的木材和设备；

② 清扫现有的路面；

③ 在现有的人行道和 CRABS 表面上涂上黏性涂料；

④ 铺设 4in 厚的专用低渗透性沥青层，保证渗透率不超过 $1×10^{-8}$ cm/s。

低渗透性沥青路面铺筑总面积 5.4acre（竣工后测量的数据），铺设分两个阶段进行。第一阶段包括以下内容：

区域 1：PWPO 维修车间，处理大楼，锅炉和喷水池之间的巷道。

区域 2：脱水缸装载区和处理大楼以北，铁路支线以东。

区域 3：脱水缸卸料垫以北和铁路支线以西。

区域 4：PWPO 维修店东侧的干燥棚顶下。

区域 5：PWPO 喷水池和处理建筑物以东，干馏物装载区以南。

第二阶段包括以下内容：

区域 6：雨棚的南面和西面，西至南北沟渠。

区域 7：南北沟渠排水沟以东，向南和向东延伸至隔离墙外的铺砌边界。

以上内容在承包商提交的铺设计划文件中有详细描述，并由铺设分包商和怀尔德建设（Wilder Construction）MatCon 低渗透性沥青混合料的专有制造商维护。2007 年 7 月 2 日现场讨论了铺设问题，第一阶段的铺设工作于 2007 年 7 月 5～9 日进行。第一阶段的铺设工作完成后，PWPO 计划用 3d 的时间将存储在铺设区域南半部（区域 6 和区域 7）的物料移至铺好的北半部（区域 2～5）。第一阶段的铺设完成后，沥青混合料仍然非常柔软。1 号区的部分区域足够柔软，以至于下午太阳辐射量的增加而导致沥青温度升高时，行人在地面留下凹痕。该工程第一次会议于 2007 年 7 月 9 日举行。在 7 月 11 日会议上，Wilder Construction 建议给低渗透性沥青 10d 养护时间以保证其固化。铺设的第一阶段发生在高温时期，Wilder 建议应避免高温以保证沥青硬化。7 月 16 日，工程师检查了第一阶段的铺设，并在 2007 年 7 月 19 日给 EPA 的技术备忘录中对沥青铺设工作进行了评估和总结。铺路的第二阶段推延至 2007 年 7 月 26～28 日。在 2007 年 8 月 1 日，怀尔德（Wilder）放宽了第二阶段的铺设权限（区域 6 和区域 7），可不受土地使用类型的限制。

承包商在 2007 年 8 月下旬规划了阻隔墙的中心线。当将线路布置在铺设区的西边时，低渗透性铺设面并未延伸到阻隔墙的中心线之外，也没有延伸到现有铺设面的边界。承包商于 2007 年 9 月 18 日进行了调整，扩大该地区低渗透性铺设面的使用范围。由于黏合剂含量低，额外的铺设面积未能达到质量控制要求。该区域低渗透性铺设面在 2007 年 10 月 5 日被拆除并更换。

（4）质量测试

对低渗透性沥青的质量控制测试完全按照制造商的规范进行，并由 Wilder Construction 的下层分包商 Abatech Consulting Engineers 进行监管。在低渗透沥青铺设期间，对加热搅拌设备和现场均进行了全面的质量控制监管。MatCon 质量控制表格（日期为 2007 年 5～10 月的标号为 1～10 的表格）以及黏合剂认证和综合测试结果都保存在 EPA 网站文件中。根据测试结果，只有一个位置不符合指定的 1×10^{-8} cm/s 渗透率标准，两个位置所取芯部分厚度明显超过 4in。

（5）低渗透沥青缺陷

铺设操作完成后，2007 年 11 月 26 日，在工程师和 EPA 以及西雅图美国陆军工程兵团（United States Army Corps of Engineers，USACE）进行的独立审查中，确定了一些与低渗透性铺设有关的问题，包括：

① 作业区域的渗透性不符合规定要求；

② 交通负荷和物料存储导致柔软和塌陷；

③ 特定位置不符合指定要求的铺设厚度；

④ 保修行为无法满足正常的场地使用需求；

⑤ 表面光滑度未达到规定的要求。

2008 年 2 月，在俄勒冈州麦克明维尔举行的解决替代性纠纷（ADR）会议上，EPA 与承包商及其分包商就如何解决这些问题达成了协议。

（6）运行和保养

对铺面进行年度检查并记录人行道的状况是 MatCon（低渗透性沥青混合料的专有制造商）职责的一部分。最终批准的运行与维护（O&M）计划明确规定了 MatCon 路面的维护要求以及年度检查的要求。O&M 计划要求检查并记录明显的特征和地面用途，记录损坏地点和类型，拍照并找到损坏位置，以确定表层覆盖的状况。

MatCon 路面的首次年度检查于 2008 年 8 月 11 日进行。EPA、RPM、Wilder Construction 和工程师代表参加了检查。工程师的意见在 2008 年 8 月 11 日提交给 EPA 的备忘录中进行了总结。Wilder 还提交了一份总结报告，记录了年度检查以及根据检查结果而进行的后续维护工作。

检查结果和后续工作描述如下。

1）车辙滚压

对 PWPO 喷水池以东的区域和干馏装载区域，通过气动辊进行滚压以平整垫料和叉车的车辙。滚压的目标区域是根据 2007 年明确的区域柔软度和车辙确定的，滚压使覆盖层的平整度有所改善，但仍保留了大部分车辙和压痕。根据已批准的 O&M 计划，工程师建议每年进行滚压。

2）裂缝与防渗

在 PWPO 干棚北部的 6 个区域中，MatCon 覆盖面似乎因表面开裂而凸起。切开 MatCon 路面约 1ft² 的面积以观察底层状况，发现 MatCon 路面和底层沥青缝隙间有积水。在检查过程中发现积水可能来自 MatCon 覆盖层与相邻混凝土区域之间的缝隙浸透。地表水可能会渗入该接缝，然后在 MatCon 路面和下面的沥青之间横向流动。解决方法是沿接缝边缘锯开，涂上 Crafco 密封胶以防止地表水进一步渗入。

3）裂缝和密封

在 PWPO 污水处理厂以西的脱水杀菌垫附近，MatCon 覆盖层和相邻混凝土之间的接缝处发现了更多铺设面问题。主要分布在沿东/西边缘和沿北/南边缘的区域，并计划进行锯切和密封。

4）人行道磨损

隔离墙中心线的白色人行道已经严重磨损，建议再涂一层涂料。

5）砾石凹痕

MatCon 铺设区域最西端是从白杆存放区进入人行道的区域，有砾石压入人行道的凹痕，可以通过压实处理以减少压痕。

6）液压油污染

液压油溢出到 MatCon 表面产生了污染区域。Wilder 指出，PWPO 应该继续及时清理溢出物，以避免长时间暴露在外，并避免溢出 MatCon 路面。PWPO 表示这是一次泄漏事件，已得到及时清理。

在 2008 年 10 月 6 日之后，Wilder 完成了年度检查后续的所有工作。2008 年 12 月，年度检查的结果也汇总在提交给 EPA 的年度检查报告中。

（7）排水系统改造

在 RA 工程实施之前，PWPO 的雨水输送一部分通过 PWPO 处理厂区以南的隔离墙内的现有混凝土沟渠和两条铺好的明渠流出。方案设计规定用最小 4in 厚混凝土外壳的排水沟来替换原有的混凝土排水沟和明渠。

根据承包商提交的最初时间表，建议在安装低渗透性铺装面之前完成排水系统的改造。后来，承包商提交了信息通报（Request for Information，RFI）♯07，要求在完成排水沟浇筑之前，在明渠中安装临时管道，并在管道中放置临时的颗粒回填物和通道。铺设完成后，承包商建议锯切路面，开挖临时管道和颗粒状的回填土，并将开挖的壁用作新的现浇沟渠，并将现有的混凝土沟渠留在原处，因为现有沟渠壁中存在未知的公共设施通道。

工程师认为新路面的损坏是工程的潜在问题。承包商对 RFI♯07 进行了较小的修改，并更新为 RFI♯08。工程师的批复重申了对道路破坏的重视，认为有必要确保将沟槽与正向排水沟对齐，并建议采用更宽的钢筋混凝土屏障来减少路面损坏的可能。承包商安装临时管道、回填和低渗透路面后，看到了新路面的切割情况，并从两个沟渠排水沟中挖出了临时回填和临时管道。新路面的切割情况验证了工程师的预测，一些路面的开挖导致内壁塌陷并破坏了新的道路。承包商需要将被破坏的区域切割得更宽，并在这些区域回填更宽的混凝土屏障，随后压实路基并将钢筋绑扎并固定到位。

工程师在两个单独的浇筑中完成沟渠排水，承包商需要提供更多的拦水及混凝土质量控制测试，包括内沟渠横截面和现有沟渠排水处的过渡等细节。两个地沟排水沟剥离模板后，在南北沟渠中观察到蜂窝状和未固结的混凝土以及裸露的钢筋，在东西向排水沟的格栅框架周围还发现了固结不良的混凝土。

结构工程师通过进一步检查发现了其他几个关键问题，这些问题与排水沟的工艺和交通负荷的安全性有关。如所安装的围挡、钢筋框架没有保障垂直和水平，并且安装超出了围挡和框架之间的间隙，极可能因支撑强度不足而发生故障。这些问题都已记录在 2007 年 9 月 12 日工程师给 EPA 的技术备忘录中。EPA 随后向承包商发出通知，称排水沟由于工艺较差而被拒验收。

EPA 与承包商之间的多次谈判未能成功解决沟槽排水问题。2008 年 2 月 ADR 会议期间，EPA 与承包商及其分包商达成协议，通过适当变更以解决沟槽排水管的问题。在 GES 于 2008 年 10 月完成了最初的 RA 工作之后，PWPO 聘请 SUMCO 公司用掩埋的管道来代替下游未砌好的排水沟。在东西排水沟的出口建立了水密连接排水管和新安装的管道，以完成从雨水沟到雨水处理系统的管道连接。

2008 年在与 GES 达成有关扣减性变更的协议之后，EPA 聘请了 EPA ERRS 承包商 EQM Inc. 设计和安装更换的排水沟。EQM 公司的工作范围包括拆除 GES

曾安装的存在缺陷的排水沟和路基，现场浇筑新的混凝土沟槽排水沟，并从问题沟槽排水沟中重新安装铸铁格栅。

EQM 于 2008 年 7 月 25 日到达现场 7 月 26 日开始更换排水沟。最初的排水沟工程已于 2008 年 8 月 29 日完成。美国西图公司（CH2M HILL）负责监督了作业期间的施工，并对排水沟进行了检查，此项检查的结果已于 2008 年 9 月 9 日发送给 EPA。EQM 于 2008 年 11 月 20 日向 EPA 提交了一项维缮措施计划，以解决 2008 年 9 月 9 日的备忘录记录的问题。2008 年 12 月 1 日，CH2M HILL 对 EQM 的维缮措施计划做出了回应。

4.4.5　监测与效果评估

2010 年 O&M 计划获得批准并全面实施。2010 年实施了长期地下水监测计划，结果表明管控措施正按原计划发挥作用。地下水监测数据表明，污染物浓度稳定或在隔离墙外随时间推移呈下降趋势。制度控制措施实施到位，对污染场地的所有区域均有效，并且制度控制措施是根据决策文档中指定的使用限制定制。意向性购买协议由 EPA 和 PWPO（现为 McFarland Cacade）签署并于 2011 年进行了修订，其中规定了 McFarland Cacade 从泥浆墙内部收集和处理地下水的义务，以保持现有 MatCon 沥青覆盖层的低渗透性；最佳管理实践计划需实施至 2022 年 1 月 31 日，并向 EPA 提交年度环境审计报告。

4.4.6　案例小结

管控措施总成本估计为 640 万美元（并不包括 EPA 的间接成本）。这是管控方案设计规范期间估算的成本，其中包括方案变更的临时费用和工程管理服务的应急费用。管控措施的施工监督合同的费用估计为 500000 美元。管控施工和施工监督费用共计约 690 万美元。根据 NPL 的要求，DEQ 必须支付这些合同实际费用的 10%，约 70 万美元。

美国俄勒冈州泰勒木材厂场涉及土壤和地下水、有机和无机污染，又邻近河流，污染物的扩散具有较大的潜在环境危害。使用垂直阻隔和水平覆盖对整个场地实施了风险管控措施，以阻止场地内的污染物向环境扩散迁移。在阻隔区域内使用地下水抽出技术，确保不会形成向外的水力梯度，并确保墙内地下水水位位于覆盖以下。场地风险管控施工完成后，通过有效制度控制，进一步强化了场地的风险管理，确保了场地的长期安全。同时，还实施了场地的长期监测，并以每 5 年一次的审查形式对场地的长期安全和管控的有效运行进行监管。

该场地风险管控的实施经验对我国具有较高的参考和借鉴价值。我国工业污染场地中，重金属和有机污染的复合污染场地占比高达 30％以上。复合污染场地修复难度大，成本高，是我国目前场地修复领域的难点。美国俄勒冈州泰勒木材厂场地的管控模式成本低、施工周期短，管控的长期有效性也通过制度控制和长期监测得到有效保证和控制，有潜力在我国复合污染场地治理中进行推广。另外需要指出的是，该场地修复和管控过程也出现沥青凹槽、路面塌陷等问题，但通过监管部门的及时指出以及业主和施工单位的及时纠正，这些问题都得到了有效的解决。因此，场地治理是一个动态的过程，出现一些问题是合理的。只要各利益相关方有效沟通，紧密配合，就能及时纠正问题，推动场地治理措施的有效运行，确保场地的长期安全。

参 考 文 献

［1］ Ruffing D，Evans J，Coughenour N. Soil-Bentonite Slurry Trench Cutoff Wall Longevity，in Ifcee 2018：Developments in Earth Retention，Support Systems，and Tunneling，2018：214-223.

［2］ Owaidat L M，Day S R. Installation of a composite slurry wall to contain mine tailings. Tailings and Mine Waste，1998：421-429.

［3］ Koda E，Osinski P. Bentonite cut-off walls：solution for landfill remedial works. Environmental Geotechnics，2017，4（4）：223-232.

［4］ Goodall S. Design of a reinforced soil capping beam over a soil-bentonite barrier wall. Australian Geomechanics Journal，2019，54（3）：119-126.

［5］ Ou M Y，et al. Using Mixed Active Capping to Remediate Multiple Potential Toxic Metal Contaminated Sediment for Reducing Environmental Risk. Water，2020，12（7）.

［6］ Bortone I，et al. Experimental investigations and numerical modelling of in-situ reactive caps for PAH contaminated marine sediments. Journal of Hazardous Materials，2020：387.

［7］ Ting Y，et al. A simulation study of mercury immobilization in estuary sediment microcosm by activated carbon/clay-based thin-layer capping under artificial flow and turbation. Science of the Total Environment，2020：708.

［8］ Jacobs P H，Förstner U. Concept of subaqueous capping of contaminated sediments with active barrier systems（ABS）using natural and modified zeolites. Water Research，1999，33（9）：2083-2087.

［9］ Simon F G. Müller W W. Policy Standard and alternative landfill capping design in Germany. Environmental Science & Policy，2004，7（4）：277-290.

［10］ Chng B L，et al. Aqueous Mercury Removal with Carbonaceous and Iron Sulfide Sorbents and Their Applicability as Thin-Layer Caps in Mercury-Contaminated Estuary Sediment. Water，2020，12（7）.

［11］ Agency，U. S. E. P. Five-year review report for silver mountain mine superfund site okanogan county，washington，2012.

［12］ Agency，U. S. E. P. Notice of Intent to Delete Silver Mountain Mine from the National Priorities List，1997.

［13］ Agency，U. S. E. P. Declaration for the Silver Mountain Mine Superfund Site Record of Decision，1990.

［14］ Agency，U. S. E. P. Superfund Final Close Out Report Silver Mountain Mine NPL Site Tonasket，Okanogan County，Washington，1997.

［15］ Agency，U. S. E. P. Taylor Lumber and Treating Superfund Site Final Construction Report，2009.

［16］ Agency，U. S. E. P. Taylor Lumber and Treating Superfund Site Final Design and Design Basis Report，2006.

［17］ Agency，U. S. E. P. Taylor Lumber and Treating Superfund Site Operation and Maintenance Plan，2009.

［18］ Agency，U. S. E. P. Final record of decision taylor lumber and treating superfund site sheridan，oregon，2005.

［19］ Agency，U. S. E. P. Second five-year review report for taylor lumber and treating superfund site yamhillcounty， oregon，2017.

[20] Agency，U. S. E. P. A Citizen's Guide to Capping，2012.

[21] Atta A M，et al. Green Technology for Remediation of Water Polluted with Petroleum Crude Oil：Using of Eichhornia crassipes（Mart.）Solms Combined with Magnetic Nanoparticles Capped with Myrrh Resources of Saudi Arabia. Nanomaterials，2020，10（2）.

[22] Dungca J，et al. Linear optimization of soil mixes in the design of vertical cut-off walls. International Journal of Geomate，2018，14（44）：159-165.

[23] Hudak P F. Augmenting groundwater monitoring networks near landfills with slurry cutoff walls. Environmental Monitoring and Assessment，2004，90（1-3）：113-120.

[24] Kang P P，Xu S G. The impact of an underground cut-off wall on nutrient dynamics in groundwater in the lower Wang River watershed，China. Isotopes in Environmental and Health Studies，2017，53（1）：36-53.

[25] Sun Q G，et al. Influence of a subsurface cut-off wall on nitrate contamination in an unconfined aquifer. Journal of Hydrology，2019，575：234-243.

[26] Novello J，et al. Inactivation of Pseudomonas aeruginosa in mineral water by DP1 bacteriophage immobilized on ethylene-vinyl acetate copolymer used as seal caps of plastic bottles. Journal of Applied Polymer Science，2020，137（35）.

[27] Thepmanee O，et al. A simple paper-based approach for arsenic determination in water using hydride generation coupled with mercaptosuccinic-acid capped CdTe quantum dots. Analytical Methods，2020，12（21）：2718-2726.

[28] Adekunte A. An investigation into the vertical axial capacities and groundwater cut-off capabilities of secant pile walls. Soil-Structure Interaction，Underground Structures and Retaining Walls，2014（4）：251-258.

[29] Plewes H D，et al. Permeability testing of slurry trench cutoff walls at a mine tailings facility. Tailings and Mine Waste，1999：437-445.

[30] Opdyke S M，Evans J C. Slag-cement-bentonite slurry walls. Journal of Geotechnical and Geoenvironmental Engineering，2005，131（6）：673-681.

[31] Yang Y L，Reddy K R，Du Y J. A Soil-Bentonite Slurry Wall for the Containment of CCR-Impacted Groundwater，in Geo-Chicago 2016：Sustainable Geoenvironmental Systems，2016：578-589.

[32] Ochola C，Moo-Young H. Evaluation of slurry wall construction using paper clay for containment of contaminated groundwater. Soil & Sediment Contamination，2002，11（2）：293-306.

[33] Asada M，Ishikawa A，Horiuchi S. Large-scale cutoff wall model test using ethanol bentonite slurry. Journal of Materials in Civil Engineering，2005，17（6）：719-724.

[34] Batista P，Leite A D. Mixtures of a lateritic soil with cement and bentonite for slurry wall purposes. Rem-Revista Escola De Minas，2010，63（2）：255-263.

[35] Wang Y Z，et al. Lead adsorption and transport in loess-amended soil-bentonite cut-off wall. Engineering Geology，2016，215：69-80.

［36］ Yang Y L，et al. Retention of Pb and Cr（VI）onto slurry trench vertical cutoff wall backfill containing phosphate dispersant amended Ca-bentonite. Applied Clay Science，2019，168：355-365.

［37］ De Jong E，et al. Mixed-in-place cut-off walls create artificial polders in the netherlands. Deep Foundations Institute，2015.

［38］ Hong C S，Shackelford C D. Characterizing Zeolite-Amended Soil-Bentonite Backfill for Enhanced Metals Containment with Vertical Cutoff Walls, in Geoenvironmental Engineering，2016：82-98.

［39］ Pedretti D，et al. Slurry wall containment performance：monitoring and modeling of unsaturated and saturated flow. Environmental Monitoring and Assessment，2012，184（2）：607-624.

［40］ Koda E，et al. Cut-Off Walls and Dewatering Systems as an Effective Method of Contaminated Sites Reclamation Processes, in 3rd World Multidisciplinary Civil Engineering，Architecture，Urban Planning Symposium，2019.

［41］ Rauch A F，et al. Cement-Bentonite Slurry Walls for Seismic Containment of the Kingston Coal Ash Landfill, in Grouting 2017：Jet Grouting，Diaphragm Walls，and Deep Mixing，2017：216-226.

［42］ 李书鹏，土壤与地下水修复行业发展报告（2018）. 第三届中国可持续环境修复大会，2018.

［43］ 王林，等. 污灌区镉污染菜地的植物阻隔和钝化修复研究 农业环境科学学报，2014，33（11）：2111-2117.

［44］ 陆海军，污染物在改良黏土衬里中运移分析及ET封顶层特性探讨. 大连：大连理工大学，2009.

［45］ 宋云，尉黎，王海见. 我国重金属污染土壤修复技术的发展现状及选择策略. 环境保护，2014，42（09）：32-36.

［46］ 谢云峰，等. 污染场地环境风险的工程控制技术及其应用. 环境工程技术学报，2012，2（01）：51-59.

［47］ 张志红. 疏浚底泥污染物在黏土防渗层中的运移规律研究. 北京：北京交通大学，2007.

［48］ Palmer A T，Stroud L. Pride Park：from redevelopment of a landfill site to long-term operational experience, in Waste Management and the Environment Ⅵ，2012：369-377.

［49］ Case Study. PFA at Pride Park，Derby，2004.

［50］ State of Oregon Department of Environmental Quality，2008.

［51］ Taylor Lumber and Treating，Sheridan，Oregon，2007.

第5章　监测自然衰减技术

5.1 监测自然衰减技术介绍

监测自然衰减技术（Monitoring Natural Attenuation，MNA）主要针对石油烃污染场地，它是指通过自然条件下的微生物降解，配合扩散、吸附、稀释、挥发等物理化学过程，使场地污染浓度逐渐降低[1-7]（图 5-1）。核心是通过健全的长期地下水监测，确保污染羽的浓度在预估的可控水平，通过一个可以接受的时间尺度（如几年至十几年），使污染源得到有效衰减，污染羽浓度稳定在低于相关设计要求的水平[8-15]。与地下水抽出处理、热脱附等源头修复技术，以及稳定化、阻隔等风险管控技术相比，监测自然衰减不需要任何主动的治理措施[4,8-10,14,16-19]。但利用该技术：

① 需要通过详细的场地调查和准确的水文地球化学模型计算，确保场地具有实施监测自然衰减技术的前提，污染物可有效降解或稀释；

② 污染羽的范围和浓度在可接受的风险可控水平；

③ 只有通过长期持续严格的地下水监测（污染羽监测），才能确保监测自然衰减技术的有效运行[2,3,8-10,17,19-24]。

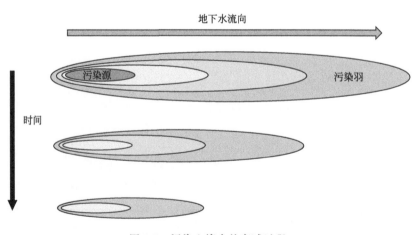

图 5-1 污染土壤自然衰减过程

监测自然衰减技术于 20 世纪 90 年代就在欧美国家的石油化工场地得到有效应用[8,25,26]，由于成本低、环境扰动小等优势，随着相关研究和实践的不断深入，近年来已发展成主流的场地治理技术之一[22,27-31]，在 2018 年美国土壤治理市场中应用占比达 11％[32]。我国虽然相关研究已有一定进展，但实际的工程应用尚不多见。本章重点介绍英国 SIReN 场地监测自然衰减管控案例[33-36]和美国马萨诸塞州阿特拉斯场地监测自然衰减管控案例[37-40]。其中，英国 SIReN 场地是一个典型石油化工污染场地，对我国开展类似工作具有代表性借鉴意义。美国马萨诸塞州阿特拉斯场地是一重金属有机物复合污染场地，在实施监测自然衰减之前，场地还进行了开挖-回填、植物修复等修复措施，该场地突破传统的针对石油烃为主的监测自然衰减，发现重金属也可实施类似管控，为我国利用监测自然衰减技术治理复合污染场地提供了新的思路。

5.2 英国 SIReN 场地监测自然衰减管控案例分析

5.2.1 案例背景介绍

SIReN 是英国针对监测自然衰减的一项国家研究计划。该项目由英国壳牌全球解决方案（Shell Global Solutions）国际有限公司、英格兰和威尔士环境局（EA）、CL：AIRE（Contaminated Land：Applications in Real Environments）和 AEA Technology 联合计划。SIReN 项目管理由"Biffaward 垃圾填埋税收抵免计划"资助，而能源研究所则提供第三方资助。该石油化工污染场地自 2000 年实施监测自然衰减风险管控，各项指标都达到了预期，是一次成功的经验[33-36]。

5.2.2 场地情况

(1) 场地位置及用途

SIReN 项目场地有一个大型石化制造工厂，占地面积约 180hm²，该工厂已经运行了 50 年。场地位于河流 A（场地的北部）与运河 A（场地向西约 250m）汇合处的东南方向约 1km 处。该场地与其他工业设施、绿化带土地和地表水道相连。该场地同时也是一个占地 570hm² 庄园的一部分。场地北部、东部和南部的大部分土地被划定为"绿地"或受保护的开放土地，附近有几家农场。

在 1949 年 1 月开始建造第一家化工厂（卡塔罗裂化炉）之前，未发现过可能被污染的土地。1955 年由场地现在拥有者购得后，厂区内气体分离装置中环氧乙烷（EO）及其衍生物、聚苯乙烯和聚烯烃的排放一直持续到 20 世纪 70 年代末期。在 20 世纪 80 年代，仅剩下聚烯烃、聚苯乙烯和环氧乙烷衍生物工厂，其余的工厂被勒令停产并拆除。该场地被划分为四个区域以便进行场地调查。这些区域可进一步细分为相似的生产单元。下面列出了在每个区域中运行的生产单元以及可能导致土壤污染的主要化学品或中间产品。特别要指出的是，除碳氢化合物外，欧共体规定应防止或尽量减少向地下水排放可能造成污染的物质。

① 非生产区域

② 环氧烷及其衍生物生产区

尽管场地过去生产和使用过环氧丙烷，但在约 26hm^2 的区域中，环氧乙烷是主要使用的化学品。环氧乙烷的大多数衍生物高度溶于水，易于浸入地下水，但同时易于被生物降解。它们未被纳入现场调查化学分析。

③ 碳氢化合物裂解及衍生物生产区

这个区域大约 45hm^2，包括了化工厂原址。

④ 聚烯烃生产区

约 33hm^2 的场地已被开发用于聚乙烯生产。此生产区域所用原料均为气态且产品为固态，因此土壤污染的可能性相对较低。

(2) 场地地质情况

场地包含四个不同深度的地层（图 5-2）：

① 第一层——上层砂和砾石（非承压含水层，2.85～8.5m）；

② 第二层——黏土（0.36～30m）；

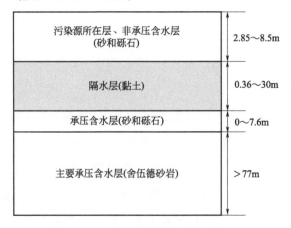

图 5-2 场地地层示意图

③ 第三层——下层砂和砾石（承压含水层，0～7.6m）；

④ 第四层——舍伍德砂岩（主要承压含水层，＞77m）。总体来说砂和砾石覆盖在黏土层上，而黏土层又覆盖在砂和砾石层上，上述地层都覆盖在砂岩上。通过查阅英国地质调查表，该场地是第四纪漂流沉积物，包括泥炭、冲积层、冰川黏土（巨石黏土）以及冰川砂岩和砾石。泥炭沉积物分布在大部分非石化制造厂区域的下方，延伸至石化制造厂区域的西北部，向南延伸至主要场地以外的较大子场地区域。开发区域内，泥炭已被清除，冲积沉积物位于该作业区北部以北的 A 河的转弯处。这些沉积物还沿着该开发区南部的布鲁克河径流方向和 B 河方向延伸。冲积物和泥炭沉积物是层状的冰川黏土、冰川砂和砾石。漂移沉积物由舍伍德砂岩群的 Wilmslow 砂岩和 Helsby 砂岩构成，砂岩向西南倾斜 3°，已知最深的钻孔记录了井底至 85m 处的砂岩。现场进行了进一步的调查，并进行了详细描述。

地下水数据显示，砂岩中的地下水流向为西北方向，流向 A 河和运河 A 的汇合处。当水接近汇流处时，呈扇形散开并趋向于流向运河或河流。在上下两层砂砾层中地下水的流向也有类似的趋势。在过去的 50 年中，该场地曾被用作汽油化学品生产场地，生产过程使用了许多化学品，可能已进入地下水系统。如果这些化学物质渗入到地下并溶解到地下水中，它们经过邻近的居民区，并流向河流 A 和运河 A。污染物通过局部补给（降雨）或者从区域补给地下水进入场地，然后在场地下方沿西北方向流入运河 A 或河流 A。场地安装了 26 套嵌套的钻孔，其中有 18 个钻孔的地下水从表层砂砾中向下迁移到黏土或第二层砂砾中，其余嵌套钻孔的水位都相对较高。总的来说，从上层砂砾到舍伍德砂岩（三叠纪砂岩）都有一个向下的水力梯度，这可能会导致羽流。

(3) 场地污染情况

土壤和地下水中发现的主要污染物是苯系物包括：苯、甲苯、乙苯和二甲苯（BTEX），其次是苯乙烯、萘和氯化脂肪烃（CAH），但 CAH 的浓度非常低（＜500μg/L）。浅层地下水中有多个 BTEX 羽流，其中一股来自该场地东南角的前苯乙烯工厂，另一股来自场地西南角 BTEX 的油罐场（容量：20t）。其中一些已合并，至少有两个羽流已渗透到黏土层中，并且至少一个进入了舍伍德砂岩含水层。场地概念模型已将 BTEX 视为主要关注污染物，并将砂岩含水层和附近的地表水体，河流 A 和运河 A 确定为潜在受体，这些受体可能会因地下水的流动而受到污染。直接和间接的证据表明，地下水中 BTEX 和 CAH 会自然衰减。在 1995～

1996 年和 1999～2000 年之间，远离源区的污染物浓度下降了 50％～99％，并且发现了 CAH 的生物降解产物（氯乙烯、乙烯和乙烷）。浅层地下水中的污染物包括 BTEX、三甲基苯（TMB）、萘等。此外，该场地中心区域的较深砂岩含水层顶部受到轻度污染。在场地中心的浅层地下水中发现了较高浓度的 BTEX。垂直剖析表明，污染物几乎没有渗透穿过黏土，因此砂岩含水层中没有建造 BTEX 的监测井。浅层地下水中被证实存在与 BTEX、TMB 和萘混合的苯乙烯羽流。1995～2000 年间的早期监测支持了自然衰减在 SIReN 场地的适用性。自然衰减发生的指标记录如下：污染物浓度降低；发生生物降解（硫酸盐还原，甲烷生成）；降解副产物浓度升高。

5.2.3　风险管控方案及目标

该场地关键的潜在受体包括舍伍德砂岩主含水层和地表水体。场地附近潜在受体包括河流 A、运河 A、砂岩含水层、场地边界之外的次要含水层和现场工人。现场工人的潜在暴露途径是通过吸入土壤颗粒或地下水蒸气，或在现场挖掘过程中直接接触。在石化厂设备施工中，操作员暴露于地上工厂产生的蒸气的危险远远超过暴露于地下产生的蒸气。在现场挖掘过程中，直接接触污染土壤的工人可通过使用个人防护设备进行保护。由于污染物在地下水中的迁移，该场地受污染风险最大的受体是河流 A、运河 A 和砂岩含水层。因此，潜在污染受体的研究工作集中在地下水路径、砂岩含水层和地表水。

因此，风险管控主要通过对场地四个边界及地下水流经方向的监测井进行监测，尤其是在北部边界（因为这是地下水流动的方向）。对地下水中污染物的浓度进行监测，确保污染物浓度维持在对风险可控的水平。

5.2.4　风险管控实施

许多自然发生的过程可以在无需工程修复的情况下降低有机污染物浓度，包括：生物降解、化学降解、吸附、固定和稀释。监测衰减过程并对其长期性能进行建模的风险管控方式可以替代传统工程解决方案。这种方法被称为"监测自然衰减（MNA）"。通过利用这些自然发生在污染场地的过程，可以减轻与土壤和地下水污染有关的潜在环境和人类健康风险。MNA 具有在原位可持续处理污染物的巨大潜力，减少了需要异地处理、处置或填埋的材料数量。因此，MNA 可以成为更具成本效益的风险管控工具，替代传统的工程选项。考虑到许多场地修复建设固有的困难和成本，MNA 有时可能是在技术上可行的唯一选择。在北美和荷兰等未固结的地质中，对于被苯、甲苯、乙苯和二甲苯（BTEX）以及氯化脂肪族化合物污染的浅层地下水，自然衰减过程的评估和监测过程已得到充分记录。但是，在英国典型的人造地面和双孔隙含水层中，相关方面的经验还比较有限。在对所有潜在受体具有保护作用的前提下，MNA 是可用的风险管控工具。决定一个场地是否采用 MNA 进行管控的流程如图 5-3 所示。但可靠的研究案例的缺乏使英国 MNA 发展缓慢。这导致一些利益相关者对 MNA 的可行性信心不足。为此，SIReN（监测自然衰减的创新研究场地）项目于 2000 年启动，该项目在提高对自然衰减技术的成本效益和风险管理选择等方面发挥了重要作用，同时消除了大众之前对于 MNA 技术等于"什么都没做"的误解。

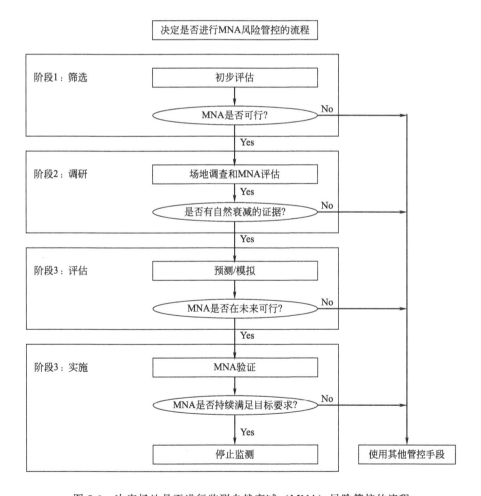

图 5-3　决定场地是否进行监测自然衰减（MNA）风险管控的流程

5.2.5　监测与效果评估

5.2.5.1　现场监测指标

监测期间，使用流通池（Well Wizard）在现场测量温度、pH 值、溶解氧、电导率和氧化还原电位。另外，为了进行比较，工程中使用了比色测试套件（Hach），在选定的孔中测量溶解氧和 Fe（Ⅱ）。现场对 Fe（Ⅱ）的测量尤其重要，因为如果采样和实验室分析之间时间间隔过长，铁形态会发生变化。地下水温度范围为 8.0～12.7℃，平均温度为 10℃。在大多数点位中，地下水的 pH 值在 6～8 之间，但存在离散区域地下水呈酸性（pH 值为 3.9～5.7）或强碱性（pH 9.4～14）的情况。造成这种碱度的原因可能是碱性物质来源于 B3 区的石灰池。酸性 pH 值可能归因于泥炭的存在，因为这些样品的钻孔位于区域的西南角，靠近区域边界，有天然的泥炭沉积物。上部砂和砾石层中地下水的电导率通常在 187～887μS/cm 的范围内，其中有两个地下水样品的电导率值较高分别为 1880μS/cm 和 4365μS/cm，分别来自 pH 值为 11.9 和 14 的水井。黏土中地下水的电导率范围一般为 238～348μS/cm，其中一个极值为 1140μS/cm，但与极端 pH 值无关。下部砂和砾石层地下水的电导率通常在 400～658μS/cm 之间，其中 4 个高 pH 值的地下水样品有更高的电导率值，分别为：W12D（pH＝14），5728μScm；W13D（pH＝13.5），2311μS/cm；W5D（pH＝14），1175μS/cm；W9D（pH＝13.5），5190μS/cm。整个场地中上部砂和砾石层中地下水中的溶解氧（DO）通常＜2mg/L，外围区域 DO 浓度较高（在 W4S 中最高可达 10.7mg/L）。DO 浓度为 3.1mg/L 的北边界的 W19I 处的黏土层中的 DO＜1.7mg/L。除了北部边界处的 W12D（3.5mg/L）、W9D（5.5mg/L）和北部地区的南部边界 W5D（3.2mg/L）这三个位置，下部砂和砾石中地下水 DO 均低于 1.5mg/L。在场地上游边界，砂岩含水层中的 DO＜1.1mg/L。因此，尽管可能有一些充气水进入该场地，为上层地下水中污染物的好氧生物降解提供了支持，但这种情况比较少见。上部砂和砾石层中地下水的氧化还原电位（ORP）在＋118～－188mV 范围内，较高的正值出现在该场地含氧量较高点位的周围。黏土层中的 ORP 范围为－27～－74mV。下部砂和砾石层中地下水的 ORP 范围为－13～－203mV。砂岩含水层中的 ORP 范围为＋6～－230mV。总的来说，ORP 的测量证实了由溶解氧和其他电子受体测量得出的观测结果。几种指标监测结果如下。

（1）主要的离子

① 氯离子：四个地层地下水中的氯离子含量均相似，一般范围为 6～150mg/L，大多数<100mg/L。但是，上部砂和砾石层中的 W18D 井（370mg/L），黏土层中的 308I 井（204mg/L）和下部砂和砾石层中的 W13D 井（220mg/L）有 3 个异常高的氯离子含量值。这 3 口井的地下水 pH 值分别为 14、9.9 和 13.5。地下水中氯化物和氯代烃的浓度之间没有相关性。整个场地地下水中较高的氯化物浓度背景值有可能掩盖从氯化烃生物降解中释放的氯化物。该项目未对场地上游地下水中的氯离子进行测量，但场地南边界的井（例如 W16S，305，W5S，W5I）的监测发现它们含有 10～33mg/L 的氯化物，很可能代表其进入了场地的地下水中。

② 钙离子：各层钙离子的浓度一般范围为 12～140mg/L，大多数<100mg/L。但是，上部砂和砾石层中的 W18D 井（494mg/L），黏土层中的 W14D 井（270mg/L）、W12D 井（614mg/L）和 W13D 井（657mg/L）有 4 个异常高的值。这 4 口井中的地下水 pH 值分别为 14、9.9、14 和 13.5。

③ 镁离子：在所有四个层中，地下水中镁离子的浓度均相似，范围为 0.1～32mg/L，大多数小于 10mg/L。

④ 钠离子：各层地下水中钠离子的浓度一般范围为 5～124mg/L，大多数<50mg/L。但是，上部砂和砾石层中的 308S 井（609mg/L）和 W18I 井（208mg/L），黏土层中的 308I 井（644mg/L）和 W5D 井（204mg/L）在较低的砂砾层中有 4 个异常高的值。这 4 口井中的地下水 pH 值分别为 11.9、9.4、9.9 和 14。

⑤ 钾离子：各层钾离子的浓度一般范围为 1～23mg/L，大多数<10mg/L。但是，上部砂和砾石层中的 309S 井（40mg/L），下部砂和砾石层中的 W13D 井（33mg/L）和 W5D 井（118mg/L）有 3 个异常高的值。这 3 口井的地下水 pH 值分别为 7.9、13.5 和 14。

⑥ 铝离子：各层铝离子的浓度通常<1mg/L，大部分<0.01mg/L。但是，上部砂和砾石层中的 308S 井（2.12mg/L）和黏土层中的 308I 井（3.15mg/L）有 2 个异常高的值。这 2 口井的地下水 pH 值分别为 11.9 和 9.9。

（2）有机碳和固体的含量

① 有机碳：上部砂和砾石层中地下水的总有机碳（TOC）为 3～47mg/L（除 308S 井 TOC 为 140mg/L），在黏土层 308I 井中为 180mg/L，在下部砂和砾石层

中为 4～26mg/L，在砂岩层中为 4～18mg/L。通常，总溶解有机碳（TDOC）值
与 TOC 值非常相似。上部砂和砾石层中地下水中的 TDOC 为 3～40mg/L（除
308S 井中 TDOC 为 110mg/L），在黏土层 308I 井中为 3～25mg/L（除 150mg/L
的异常值），黏土下部砂和砾石层中为 4～26mg/L，在砂岩层中为 4～18mg/L。孔
308S 和 308I 井位于现场中心，分别含有浓度为 18mg/L 和 21mg/L 的 BTEX。除
了 BTEX 以外，在位置 308 还有一些挥发性较低的溶解态有机污染物。

② 固体含量：上部砂和砾石层中地下水的总溶解固体（TDS）范围为 187～
646mg/L（除 308S 井的 1700mg/L 和 W18D 井的 1740mg/L），黏土层中 TDS 为
192～830mg/L（黏土除 308I 的 3140mg/L），下部砂和砾石层中 TDS 为 193～
778mg/L（除 W12D 井的 1440mg/L 和 W13D 井的 1760mg/L），砂岩层中 TDS 为
340～614mg/L（除 302 井的 10500mg/L），所有 TDS 异常高的地下水样品的 pH
值均大于 10。该项目对总悬浮固体（TSS）也进行了监测，因为它反映了地下水样
品的"清洁度"，并且有助于对场地外围数据点的解读，TSS 浓度范围为 0.048～
312g/L，大部分＜10g/L。

（3）电子受体和产物

① 硝酸盐：在整个场地中，四个地层地下水中的硝酸盐浓度均非常低（＜
1mg/L NO$_3$-N）。76 口井中只有 13 口（第 1 层 10 口，第 3 层 3 口）的 NO$_3$-N 浓
度＞1mg/L（1.2～12mg/L）。低浓度的硝酸盐不太可能成为有机污染物厌氧生物
降解的重要电子受体。

② Fe：在整个场地中，四个地层地下水中的 Fe(Ⅱ) 浓度通常＜1.5mg/L，大部
分＜0.5mg/L。唯一的例外是场地的南部边界的上部砂和砾石层（W5S）周边监
测浓度为 5.7mg/L。因此，Fe(Ⅲ) 不太可能作为有机污染物厌氧生物降解的重要
电子受体，尽管该场地的部分位置可能存在电位差，因为 8 个孔的溶解态总铁浓度
范围为 6.1～62.3mg/L。高浓度溶解性总铁不可能是污染地下水样品酸化导致的，
因为样品在酸化之前就已进行现场过滤，并且地下水样品的溶解态总铁含量高和悬
浮固体含量高之间没有相关性。

总的来说现场 Fe(Ⅱ) 的浓度很低。这可能是因为在采样和分析的这段时间间
隔内，部分 Fe(Ⅱ) 可能会被氧化。将 Fe(Ⅱ) 实验室数据与使用 Hach 现场测试
套件得出的数据进行比较表明，后者始终比前者高出至少一个数量级，这表明一部
分污染物的降解是由 Fe(Ⅲ) 还原引起的。显然，需对地下水中特定形态的铁进行

进一步评估。

③ Mn：Mn（Ⅱ）的数据与 Fe（Ⅱ）的数据非常相似。在整个场地中，四个地层地下水中的 Mn（Ⅱ）浓度通常＜1.5mg/L，大部分＜1mg/L。唯一的例外是场地北边界附近的上层砂砾周边监测井（W12I）浓度为 6mg/L。因此，Mn（Ⅳ）不能作为有机污染物厌氧生物降解的重要电子受体，因为总溶解态锰与 Mn（Ⅱ）几乎没有差异。

④ 硫酸盐：充分的证据表明砂岩中硫酸盐还原引起了 BTEX 的厌氧生物降解。在场地南边界的 W6D 井和 W7D 井中，不含 BTEX（＜1μg/L）的上游硫酸盐浓度分别为 178mg/L 和 186mg/L（SO₄-S）。在 BTEX 为 2360μg/L 的 309D 井中，SO₄-S 浓度降至 3mg/L。

下部砂和砾石层的 W5D 井中 SO₄-S 的浓度为 189mg/L，但整个场地硫酸盐的浓度整体要低得多（1～72mg/L，大多数＜15mg/L）。上部砂和砾石层的地下水中硫酸盐和 BTEX 之间没有明显的负相关关系，该层地下水低硫酸盐浓度与高 BTEX 浓度无关。

⑤ 溶解甲烷：充分的证据表明所有四层地下水中存在甲烷化驱动的 BTEX 生物降解，因为较高的溶解甲烷含量与较高浓度的 BTEX 密切相关。高浓度 BTEX 情况下溶解的甲烷浓度为 3～29mg/L，而在没有 BTEX 的情况下溶解的甲烷通常＜1mg/L，50％的井中溶解的甲烷＜0.1mg/L。

⑥ 其他：地下水中溶解的二氧化碳（1～168mg/L）和 BTEX 之间没有相关性。碱度和 BTEX 之间没有相关性。碱度范围为 50～1510mg/L，大多数值在 100～500mg/L 范围内。

（4）BTEX 和 CAH 生物降解产物

① BTEX：绝大多数井中，BTEX 生物降解的厌氧分解产物（例如苯酚和甲酚）都低于检出限。在 BTEX＞10μg/L 的 18 个钻孔中，只有 5 个钻孔的苯酚（DW3S、W17I、W18I、DW3D 和 309D）浓度在 100～300μg/L，仅超过检测限 100μg/L。前 3 个分别在上部砂和砾石层中，后 2 个分别在下部砂和砾石层和砂岩层中。5 个钻孔中仅有一个钻孔中（上部砂和砾石层中的 DW3S）检测到 200μg/L（检出限为 100μg/L）含量的甲酚。显然，BTEX 生物降解厌氧产物的检出限还不够低，如果要在该领域进行进一步研究，则需要将检测限降低至少一个数量级。

② CAH：一些监测井中检测到了 CAH 的降解产物（氯乙烯、乙烯和乙烷）。

上层砂和砾石中 DW2I 和 W10I 处检测到的氯乙烯的浓度分别为 21μg/L 和 44μg/L。这两个钻孔还分别含有 101μg/L 和 11μg/L 的乙烷和 239μg/L 和 106μg/L 的 CAH。在另外 9 口井中（上部砂和砾石层中有 8 口，黏土层中有 1 口）检测到乙烷，浓度为 11～31μg/L。仅在上部砂和砾石层的两个井（311 和 W8I）中检测到了乙烯，浓度分别为 12μg/L 和 10μg/L。311 井中含有 110μg/L 的 CAH 和 30μg/L 的乙烷，但无法检测到氯乙烯。这些检测结果证实，CAH 的生物降解是自然发生的。过去 5 年中 CAH 浓度的降低幅度较大，以至于浓度过低（3～519μg/L），无法在该场地开发 CAH 的原位 MNA 项目。本次项目未对其他已确认污染物（例如苯乙烯和萘）和潜在污染物（例如聚烯烃）的降解产物进行分析。

（5）BTEX 和 CAH 变化趋势

① BTEX：1995～2000 年间，在 76 口监测井中，有 37 口井中含有 BTEX。在这 37 口井中的 25 口井中，BTEX 浓度随着时间的推移而下降，其中 17 口井中 BTEX 初始浓度＜20000μg/L，在某些污染程度较低的井中未检出，而污染较严重的井中 BTEX 的浓度下降了 50%～95%。1996～1999 年，上部砂和砾石层中的 2 口井 DW4I 和 W18D 中的 BTEX 浓度不断增加，并在 2000 年继续增加。黏土层中的 308I 井和砂岩层中的 309D 井的 BTEX 浓度不断增加。该研究在 1999 年 12 月～2000 年 3 月之间开展，随着时间的推移，其中 8 口井的 BTEX 浓度没有明显变化。BTEX 浓度下降的 25 口井中，有 3 口井（308S、W18I 和 DWID）的地下水 pH 值较高，分别为 11.9、9.4 和 10.2，这并不利于生物降解。因此，该场地为研究高碱性地下水中 BTEX 的 MNA 的潜力提供了实例。虽然 BTEX 浓度的降低本身并不能最终证明该生物降解是在现场自然进行的，但要结合上面讨论的有关该场地受 BTEX 污染的地下水电子受体/产物数据和实验室微观研究的结果（由壳牌全球解决方案进行），这些综合信息为自然生物降解提供了支持。

② CAH：在 1995～2000 年期间，76 口监测井中，有 15 口含有 CAH。这 15 口井中的 6 口井中 CAH 浓度随时间下降，且其初始浓度＜18μg/L，在污染浓度较高的井中，CAH 浓度下降了 50%～70%，在 3 口污染程度较低的井中未检测出 CAH。关于 1996～2000 年，上部砂和砾石层中的两口井 W11S 和 W11I 的浓度有所增加，分别从 4μg/L 增加到 112μg/L 和从 133μg/L 增加到 519μg/L。7 口井没有明显的变化趋势。值得注意的是，SIReN 有关 1996 年一轮采样的 1 期报告中，地下水中高浓度 1,2-二氯乙烷（1,2-DCA）是在实验室分析中测得的，可能受到高

浓度苯的干扰。虽然单独降低的 CAH 浓度并不一定能证明该自然生物降解的发生，但是中间产物（氯乙烯、乙烯和乙烷）的存在充分说明了该过程的存在。

5.2.5.2　地下水模型

地下水模型证实地下水流向 A 河和 A 运河；在该区域附近还有一个"微型"地下水分流区，四层的地下水都流向 A 河或 A 运河。模型边界的位置距离场地足够远，因此边界效应不会影响目标区域内的地下水水头。因此，在场地边界之外，较小的变形并不重要，而含水层内的整体流动对于建模区域来说是很重要的。在场地区域内，建模的水头与测量值高度一致。将地形图与地下水等值线进行比较时必须小心，因为前者的误差可能在等值线间隔内（即±10m）。砂岩层中的地下水等值线与顶部砂和砾石的等值线相似，但抽提井有一些变化。建模的水头与实测高度吻合。平均误差为 0.5m。场地存在轻微的垂直梯度，因此各地层的平均误差可以反映砂岩层内的一致性。建模时的地下水水头已经小于平均误差因此不需要进一步校准，即＜0.5m。

① 实验 1：将颗粒放在整个场地的一条线上可以清楚地显示出场地下方存在明显的地下水分界。因此，场地不同区域中的潜在羽流可能会沿不同方向迁移。

② 实验 2～实验 5：将两组颗粒分别放置在 BTEX 源浓度最高的四个层中，颗粒在地层中的迁移时间明显不同，且一组流向 A 河，而另一组流向 A 运河。迁移时间总结如表 5-1 所列。

表 5-1　实验 2～实验 5 某组模拟结果

地层	A 河/年	A 运河/年
1	6	14.5
2	4931	8219
3	1233	7397
4	38356	79452

5.2.5.3　污染羽模拟

在 50 年的时间内对两种不同的衰减率（λ＝0.01%/d 和 λ＝0.1%/d）和两个不同污染源进行了污染羽建模，模拟结果如表 5-2 所列。

表 5-2　污染羽模拟结果

指标	污染源 1		污染源 2	
衰减率/(%/d)	0.1	0.01	0.1	0.01
最大羽流长度/m	120	180	170	250
稳定所需时间/年	10	10	10	16

选择 0.01%/d 的较低生物降解率是偏保守的。最大羽流长度是根据已知污染源且苯浓度高的地下水的迁移得出的结果。通过引入更多疑似但未监测的污染源可以模拟污染区域的宽度，通过监测井可以很好地定义羽流的下降梯度极限。在所有模拟中，苯均未到达黏土层下方的下部砂和砾石层或砂岩层。黏土层中可能会存在通道，使污染物到达砂岩层。这些通道可能是安装在岩土工程的钻孔或建筑物基桩，这些钻孔可能与现场调查中安装的砂岩或钻孔有同样的深度。现场数据显示，地下水中污染物的实际扩散范围比模拟羽流所展现的范围大。最初认为这种污染可能来自一个或两个大污染源，但是可以看出，模拟羽流覆盖的面积要小得多。因此地下水中的污染物可能来自分散在场地上的一系列较小的污染源区。

该模型证实地下水流向运河 A 或河流 A，并且该场地下方存在地下水分流。该模型预测：BTEX 污染羽在污染发生后的 16 年内达到稳定。BTEX 羽流不会迁移到异地，外围监测井的监测结果也证实了这一预测。在最坏的情况下，最大羽流长度为250m，模拟的羽流未显示苯污染物会到达砂岩层，而观测到的数据显示在砂岩层中存在苯污染物。这一结果最有可能是因为地基桩的建造，岩土工程钻孔或现场勘查钻孔在黏土层中创造了污染物迁移的优先通道。"颗粒追踪"的横截面表明，直到与河流 A 或运河 A 相邻，颗粒才向下迁移穿过黏土层。但是，上层滞水和下层（黏土、砂、砾石和砂岩）地下水存在微小的水头差，表明地下水在向下迁移。

5.2.6　案例小结

英国 SIReN 场地是一个大型石化污染场地，主要污染物是苯系物、苯乙烯、萘和氯化脂肪烃。该场地满足监测自然衰减的基本要求：污染物在场地和地下水中确实存在生物降解、吸附等过程，污染物在地下水中的浓度和生态环境风险在可接受的范围。该场地监测自然衰减从 2000 年开始，模型预计约 16 年后污染羽达到稳定。与针对污染源彻底清除的技术相比，监测自然衰减成本显著降低。缜密的监测方案和全面的监测数据是确保监测自然衰减有效运行的重要基础。该场地的成功经验对我国石油化工污染场地的绿色可持续治理具有重要借鉴意义。

5.3　美国马萨诸塞州阿特拉斯场地监测自然衰减管控案例分析

5.3.1　案例背景介绍

　　该场地约 $19hm^2$，位于马萨诸塞州布里斯托尔县费尔黑文镇宜人街 83 号，距费尔黑文城镇中心约 800m。该场地位于博伊斯克里克流域内，博伊斯克里克从北向南流经该场地的东部。博伊斯克里克通过 Priest 湾排入巴泽兹湾。场地表层排水排入博伊斯溪，并间接排入毗连的沼泽。该场地北部周围是自行车道、住宅和一些商业/轻工业企业。在南部和东部有潮汐沼泽，南部有住宅。西北约 60m 处有一所小学。20 世纪 60 年代初建造的飓风防堤（也称为"屏障"），沿东北方向穿越场地的沼泽地区。大约 1700 人居住在该场地周边 1.6km 范围内，大约 15000 人居住在场地周边 4.8km 的范围内。

　　该场地包括 Atlas Tack 公司（Atlas Tack）拥有的场地，Hathaway-Braley Wharf 公司（Hathaway-Braley）拥有的与 Atlas Tack 场地相邻的未改良场地，以及博伊斯溪的一部分（延伸至巴泽兹湾）。位于堤坝以南的沼泽和小溪归阿特拉斯·塔克（Atlas Tack）、费尔黑文镇（Fairhaven）和英联邦电气公司所有。为了进行前期的调查和治理措施的选择，该场地被划分为"商业区"、固体废物和碎片区（SWDA），包括前泻湖和填充区；沼泽和克里克河床区以及地下水。

　　该重金属有机物复合污染场地在 2000～2007 年经过开挖-回填、植物修复等源头清理工作之后，开始进行长期的监测自然衰减风险管控[37-40]。因本节重点介绍该案例监测自然衰减的实施情况，故把该案例归入监测自然衰减技术类别。

5.3.2　场地情况

（1）场地历史

　　Atlas Tack 场地建于 1901 年，曾生产线钉、钢钉、铆钉、螺栓、鞋孔钉等。场地照片如图 5-4 所示。该工厂的电镀、酸洗、搪瓷和涂漆工艺一直持续到 1985

图 5-4 阿特拉斯场地照片[37]

年。含有酸、金属和溶剂的工艺废料被排放到主排水沟、博伊斯溪、沼泽和泻湖中。泻湖污水排入盐沼和博伊斯溪。在工厂被关闭之前，约 $900m^2$ 的无衬蓄水池中含有超过 $1300m^3$ 的危险液体、废物和淤泥。化学物质渗透到建筑物的地板和木材中，并迁移到邻近的土壤和地下水中。1985 年，Atlas Tack 在马萨诸塞州环境保护部门（MA DEP）的指导下对泻湖进行了部分修复。工业填充物沉积在 Atlas Tack 东部原始沼泽。Hathaway-Braley 在教堂街上占地 $2.5hm^2$，$1.3hm^2$ 位于 Atlas Tack 主楼东南约 150m 处，也容纳了许多废物。该场地的主要污染物包括重金属，如砷、锑、铅、铜、铬、锌、镍和镉；挥发性有机化合物；半挥发性有机化合物，主要是多环芳烃（PAHs）和多氯联苯（PCBs）；氰化物和农药。土壤、地表水、沉积物和地下水都受到了影响。1990 年 2 月，该场地被列入"国家优控名录"，因此获得了联邦政府的资金并用于场地环境调查和清理。场地调查/可行性研究（RI/FS）于 1998 年完成。决策记录（ROD）于 2000 年 3 月签署。

（2）水文情况

该场地地层包括地表岩层，可能是工业填土、颗粒状填土、富含有机物的土壤或中等致密的冰川土层上的砂子；往下是片麻岩基岩。基岩表面位于地面以下 $1.5\sim6.4m$ 的深度。掩埋的基岩表面在工地的西部向东北倾斜，并在工地的东部向东（向博伊斯溪）倾斜且更陡。该场地位于 Acushnet 河的沿海流域，大部分地面排水汇入博伊斯溪，之后流入巴扎德斯湾。该场地的地下水在地表岩层和基岩中主导流向为东北方向，但也有一些例外，如地下水沿着场地的西边缘，流向北边缘，或沿着场地的东侧，流向东边缘。地下水流量梯度很小，通常小于 0.02。该场地颗粒沉积物的水力传导率较低，约 $0.3\sim7.9m/d$。观察到的地下水流向仅限于在场地附近，区域的地下水流向向南，朝向巴扎德斯湾。

地表岩层和基岩层中的地下水位都受到潮汐波动的影响，通常随着距海岸距离增大，潮汐波动影响幅度减小。在地表岩层和基岩井之间测得的垂直水力梯度表明，该场地西侧的垂直水力梯度总体呈下降趋势，沿该场地东缘（与博伊斯克里克沼泽地相邻）的两口井测得的垂直水力梯度呈上升趋势。

（3）土地和资源利用

Atlas Tack 下辖设施曾用于各种金属产品制造，包括金属钉、钢钉、铆钉、螺栓、鞋孔钉等。这些工业活动产生的废物（固体和液体）在现场进行处置。Hathaway-Braley 所在场地未开发，用于存储废物和商业捕鱼设备。

场地周围主要是住宅、工业和商业用地。Atlas Tack 所在区被划为工业区，但仍空置。该区的西部有一座残旧的两层砖房。商业区的南部边界有一个小金属棚。该场地的修复目标考虑了场地未来工业/商业用地的规划。

Hathaway-Braley 场地已划为住宅用地，但该区域主要为湿地。因此，美国环境保护署（EPA）认为该场地不能进行住宅开发。此外，在与自然资源保护组织相关委托人达成的和解协议中，海瑟薇-布拉利（Hathaway-Braley）同意通过保护限制（放松）措施，不对该场地进行开发，以将其维持在自然风景和开放状态；保护和养护该区域的湿地和高地地区；并保留该区域作为马萨诸塞州布里斯托尔县此类生态系统内永存物种的栖息地。

博伊斯溪以及相关的湿地和咸水沼泽是植物、鱼类和野生动植物的栖息地。该地区被马萨诸塞州国家遗产计划（National Heritage Program）确立为稀有物种栖息地。该场地的地下水未被用作饮用水源。根据 1998 年 3 月 EPA 与英联邦之间的协议备忘录中的记录，该场地的地下水使用价值较低。

5.3.3　风险管控方案及目标

(1) 修复基准值

基于人体健康风险评估（于 1998 年更新）确定了以下化学物质，它们对商业区和博伊斯克里克的土壤和沉积物产生了不可接受的风险：

① 砷

② 苯并［a］芘

③ 苯并［a］蒽

④ 苯并［b］荧蒽

⑤ 苯并［k］荧蒽

⑥ 二苯并［a,h］蒽

⑦ 茚并［1,2,3-cd]py

⑧ 3,3-二氯苯并二烯

⑨ 多氯联苯（Aroclor 1260）

⑩ 铅

生态风险特征表明，在博伊斯克里克及其周围的沼泽和高地地区的土壤和沉积物中检测到以下污染物，这些污染物对野生生物构成了重大风险：

① 铜

② 铅

③ 汞

④ 镍

⑤ 银

⑥ 锌

⑦ 氰化物

此外，以下化学物质对底栖生物的生存，繁殖和生长构成的风险最大：

① 硫丹硫酸

② 蒽

③ 滴滴涕（总）

④ 镉

⑤ 铜

⑥ 氰化物

⑦ 铅

⑧ 锌

总的来说，博伊斯溪及其周围沼泽地区（包括潮汐小溪和潮汐沼泽）以及附近的高地地区的土壤和沉积物中的污染物水平已显著升高，各种有机化学物质和金属通过直接接触和摄入对无脊椎动物、鱼类和野生动植物构成重大生态风险。

场地被划分为商业区；固体废物和碎片区（SWDA），包括前泻湖和填充区；沼泽和克里克河床区以及地下水。场地下方和附近的地下水受到污染，几种污染物的浓度超过最大污染物水平（MCL）。尽管地下水不被用作饮用水，但它是污染物从源区域向沼泽、博伊斯克里克以及巴泽兹湾迁移的媒介。中期地下水修复目标是基于生态风险考虑的。考虑到该场地的未来用途为商业/工业用地，将工人暴露于商业区的受污染土壤会对人类健康构成威胁。摄入来自博伊斯溪的受污染贝类也构成了人类健康风险。生态风险受体包括部分无脊椎动物、鱼类和一些野生生物（如草地田鼠、黑鸭和蓝鹭），它们主要通过直接接触和饮食摄入而暴露在受污染土壤和沉积物构成的风险中。

(2) 治理方案的选择

该场地的 ROD 于 2000 年 3 月 10 日签署。治理行动目标（RAO）是根据 RI

期间收集的数据制定的，以帮助开发和筛选基于 ROD 的治理方案。RAO 具体如下：

① 明确人体在商业用地的暴露风险，控制商业区域表面（0～0.6m）的土壤/污泥污染物浓度水平，以保护人体健康；

② 控制固体废物和碎片区域表面（0～0.6m）的土壤和沉积物污染浓度水平，以保护水生和陆生生物；

③ 控制沼泽和克里克河床地区（0～0.6m）的土壤和沉积污染物浓度水平，对人体健康（贝类摄食）以及水生和陆生生物具有保护作用；

④ 达到保护人类健康以及水生和陆生受体的地表水污染物浓度水平；

⑤ 保护地表水和沉积物，防止污染物从商业区、社区、以及沼泽和溪床区的土壤和沉积物中迁移出来；

⑥ 防止污染物暴露而对人类造成不可接受的风险，这些污染物可能会通过蒸气入侵迁移到建筑物中；

⑦ 保护博伊斯溪及其支流的地表水免受地下水中污染物迁移的影响；

⑧ 基于生态标准在 ROD 中建立临时地下水净化水平（IGCL）（表 5-3），五个 IGCL 参数中的四个（铜、镍、锌和氰化物）是基于环境水质的标准，现为国家推荐水质准则（NRWQC）。NRWQC 没有甲苯的标准，因此，使用了马萨诸塞州应急计划（MCP）中甲苯的浓度上限（UCL）。

表 5-3 临时地下水净化标准（IGCL）

指标	目标污染物（COC）防护等级/($\mu g/L$)
铜	31
镍	82
锌	810
氰化物	10
甲苯	100000

所选治理方案的主要组成部分包括：对受污染的土壤、碎屑和沉积物的挖掘、处理和异地处置；对受污染建筑物的拆除，缓解沼泽和恢复受灾地区；选择监测自然衰减，并以植物修复（种植特定类型的树木以降低残留污染的地下水水平）作为辅助措施，以解决该场地下方的地下水问题。

ROD 要求进行更广泛的生物利用效果研究，以确定沼泽区沉积物的去除程度。根据每个采样地点的污染浓度（主要是金属）和毒性数据之间的相关性，确立了净化水平。

2009 年 9 月 16 日发布了 ESD。主要的治理措施调整包括：

① 不再将淡水湿地和咸水沼泽地区恢复到 1901 年的精确边界，而是将飓风防堤以北的咸水沼泽地区的占地面积减少，因为通过防堤的最大潮汐流不足以维持更大面积的盐水沼泽；

② 取消该治理方案的植物修复部分，因为 EPA 确定降低的地下水位将不允许大量的地下水流入淡水湿地区域，这严重破坏了湿地设计的关键特征，不能维持足够的持续水供应；

③ 飓风防堤以北的 Atlas Tack 场地和 Hathaway-Braley 场地需要制度控制 (IC)。IC 要求未来所有者对场地资产的使用限制需满足与风险评估一致的使用水平。具体来说，IC 禁止出于任何目的抽取、消耗、暴露或利用地下水，以及禁止种植供人类食用的作物。IC 还要求限制可能干扰土壤的挖掘和钻探等活动。

5.3.4　风险管控实施

该场地的治理工程实施分为三个阶段。

(1) 第一阶段：商业区治理

包括拆除三层的制造大楼、发电厂大楼和烟囱。拆除原一层建筑物和本阶段拆除的其他建筑物中剩余的混凝土板；开挖和异地处理受污染的土壤、淤泥和碎屑。在第一阶段中，在场地外垃圾填埋场中挖出了 4165m³ 的污染土壤和 575m³ 的电镀污泥（RCRA 列出的废物 F009）。在拆除和挖掘之后，对该区域进行回填和分级，以利于场地适量排水。

(2) 第二阶段：固体废物和碎片区域治理

需要从 Atlas Tack 场地和前泻湖区（商业区以东）的固体废物处置（填充）区域及位于 Hathaway-Braley 场地上的商业和工业碎片区域挖掘和异地处置 27816m³ 受污染的土壤。在此阶段治理的大多数填埋区最初是湿地。由于治理措施要求将这些区域恢复为湿地，因此该区域的治理与第三阶段的沼泽治理工程一起进行。

(3) 第三阶段：博伊斯溪沼泽和博伊斯溪治理与场地治理

需要对污染的沼泽沉积物和小溪河床沉积物进行开挖与治理，清除 27687m³ 沼泽和小溪河床沉积物。现场治理活动包括：

① 安装安全围栏和大石路障；

② 重整、放置壤土，并用野花种子混合物播种；

③ 种植盐沼植被；

④ 在博伊斯溪沿岸安装椰壳纤维原木和可生物降解的防腐蚀毯，以防止侵蚀；

⑤ 芦苇在除草剂的控制下生长。

邻近的山地种植了乔木和灌木以及本地植物种子混合物。安装临时围栏以防止水禽进入。

在治理期间，围绕场地的栅栏用于限制进入。在第二阶段开始时，沿飓风屏障的四周更换了一些围栏。

2007 年 9 月 28 日该场地施工完成并签署了《初步结案报告》。

2007 年 9 月。在场地修复期间，约有 108000t 受污染的土壤、碎屑和沉积物被清挖并运至场外处置。该场地已定期进行长期地下水监测（LTGM），直到达到基于生态的净化标准为止。制度控制（IC）已在 Atlas Tack 场地的 A 区和 B 区域进行，以确保土地的合理使用，并与治理措施兼容。2017 年 2 月 8 日在南布里斯托尔记录了环境限制和缓解的许可注册区（GERE）。2017 年 12 月 15 日，在南布里斯托尔登记区记录了活动和使用限制通知书（NAUL）。

5.3.5　监测与效果评估

（1）长期监测

为更好地确定场地监测自然衰减管控的有效性，在 2016 年 10 月的 LTGM 实施之前对计划进行了修改。长期监测计划调整之后，完成了一系列补充监测要求，生成了相应的数据集，以评估含水层条件是否有利于无机物的自然衰减，并更好地评估正在进行的 MNA 的有效性。MNA 长期监测计划调整的内容具体包括：

1）其他分析参数已在第 9 年之前纳入 LTGM 计划中，以评估含水层条件是否有利于无机污染物（COC）的自然衰减。

① 总铁

② 亚铁（现场测试）

③ 硝酸盐/亚硝酸盐

④ 硫酸盐

⑤ 硫化物

⑥ 总有机碳（TOC）

2）从第 9 年开始，在 LTGM 计划中，根据 MW-3 监测井位置而降低了与博伊斯溪相邻的一个孔隙水采样位置（PW-1），以评估 MW-3 附近的地下水污染物浓度是否对博伊斯溪造成影响。使用孔隙水取样装置，在与博伊斯溪相邻的 MW-3 以东收集孔隙水样品，针对孔隙水样品进行 LTGM 计划规定的参数分析，在孔隙水采样过程中还收集了现场数据。在随后的 2017 年 5 月和 2018 年 4 月的 LTGM 中，也从 PW-1 位置收集了一个孔隙水样品。

3）使用方法 8260 SIM 对两个监测井收集的样品中的氯乙烯进行分析，以实现低于项目行动限值（PAL）的较低检测限。这些监测井历来都含有四氯乙烯（PCE）（MW-2 和 MW-15R）。在随后的 2017 年 5 月和 2018 年 4 月的 LTGM 中，也使用方法 8260 SIM 对 MW-2 和 MW-15R 地下水中的氯乙烯进行了分析。

4）将第 9 年监测收集的其他数据与历史数据结合使用，用以更新《修复措施评估技术备忘录》。金属和其他无机物的自然衰减主要经历以下过程：a. 地下水中的溶解态金属迁移分配到含水层固体中，金属吸附到含水层固体表面，其迁移性变低（同时生物有效性较低）；b. 金属与含水层固体基质产生沉淀（溶解物质之间的反应形成的固体矿物质）。无机成分通常不会被降解或破坏，而是会被不同程度地稳定。无机物的稳定化过程很大程度上受地下水系统中的 pH 值和氧化还原条件控制，因为许多金属在低 pH 值或还原性环境中流动性更强。与溶解的有机化合物的反应也可以影响金属的溶解度或迁移率，因为配位络合机制可以将某些金属稳定在溶液中。了解地下水系统的地球化学特征对于掌握和控制无机物的自然衰减关键过程具有重要意义，有助于了解维持稳定化所必须保持的地球化学条件。使用硝酸盐/亚硝酸盐、总铁/亚铁和硫酸盐/硫化物的分析来确定地下水中的氧化还原条件。轻度还原条件由硝酸盐还原指示，其次是铁还原，更强烈的还原条件最终由硫酸盐还原指示。以下简要概述了影响无机 COC 迁移率的一些地球化学因素：

① 铜：铜在地下水中的溶解度通常较低，但在低 pH 值条件下可能会溶解。溶解的有机物会增加铜的溶解度，因为铜可能会络合到溶解的有机碳上。铜还可以因在还原条件下含铜矿物的溶解而迁移。

② 镍：镍是一种相对易于迁移的重金属。它可能通过含镍的沉淀物在低 pH 值条件下溶解而迁移，并且可能是从还原条件转变为更强的氧化条件而导致的原本硫化物沉淀的溶解。溶解有机碳含量的升高也会促进镍的迁移。

③ 锌：锌是最易迁移的重金属之一。它的迁移率取决于 pH 值，中性至酸性条件会增加锌的溶解度/迁移率。锌在氧化条件下容易沉淀，并在高 pH 值条件下形成碳酸盐和氢氧络合物，从而限制了其迁移率。

④ 氰化物：氰化物可以以游离形式存在，也可以与多种金属（尤其是铁）形成络合物形式存在。地下水中氰化物含量较高可能与还原条件有关。氰化物在好氧和厌氧条件下都可以被生物降解，其中好氧生物降解比厌氧生物降解反应更快。有机碳浓度升高可能表明地下水环境有利于氰化物的生物降解。

监测分析所得的数据可用于评估地球化学环境及其是否有利于目标污染物的自然衰减。

（2）地下水深度

2018 年 4 月 23 日，在开始取样活动之前，记录了 15 个井位的水深测量值。根据质量保证项目计划（Quality Assurance Project Plan，QAPP），测量探头应放置于相对于内井套管顶部的 3 mm 范围内进行测量。使用 Alconox® 溶液对不同位置的水深度测量探头进行清洗，然后按照 SOP 的要求用去离子水冲洗。根据需要将水深测量值记录在地下水位测量表中。地下水深度随后用于确定地下水高程，其轮廓用于评估地下水流向。

（3）地下水采样

在测量水深之后，在 2018 年 4 月 23～26 日之间根据质量保证计划（QAPP）从 15 口监测井和一个孔隙水位置采集了地下水样品。由于浅井♯519 有足够的地下水样品量，因此在 2018 年对所有必需参数进行了监测，以评估井的安全性、井垫和密封件的完整性以及任何其他需要注意的问题。在每天开始采样之前，根据 QAPP 和相应的仪器校准标准操作程序（SOP♯002）对水质测量仪（配备有流通池和 LaMotte 2020 浊度计的 YSI 600XL）进行校准。根据 QAPP 和相应的地下水采样标准 SOP♯004 进行地下水采样，并采用低流量采样技术，采样时使用蠕动泵和专用的衬有 Teflon® 衬里的聚乙烯管在采样前对每个井进行吹扫。在 2018 年 4 月采样前，需更换以前专用的聚乙烯管道，地下水采样结束后，从井中移除管道。从监测井中取出的地下水通过流通池泵送，以连续监测温度、pH 值、比电导率、氧化还原电位（ORP）和溶解氧等参数。使用流通池上的独立仪表和旁通阀每五分钟记录一次浊度。在 QAPP 和相应的 SOP♯004 中概述的低流量水质参数稳定后，收集地下水样品。使用 Henry 采样器和 SOP♯009 收集孔隙水样品。在进行废物特征分析之前，将经过净化的地下水通过集装箱运输，并在美国交通部批准的转鼓中进行临时的分离。由于使用了专用设备，因此无需对采样设备进行消毒。除非另有说明，否则将地下水样品提交给美国佛罗里达州奥兰多市 SGS 实验室，用于分析 QAPP 规定的污染物，该实验室是美国国防部环境实验室认证计划认可的实验室。具体分析方法和 COC 清单如下：

① 特征 VOCs 参照 8260C 方法执行；

② 按方法 8260 SIM 在 MW-2 和 MW-15R 处测定氯乙烯；

③ 按方法 6010C 测定金属总量（铜、镍和锌）；

④ 按方法 6010C 测定溶解的金属（铜、镍和锌）；

⑤ 氰化物、氯化物、总溶解固体（TDS）和总悬浮固体（TSS）。

还根据需要收集现场质量控制（QC）样品，但以下情况除外：

① 单次现场的空白（仅限 VOCs）；

② 单次野外的重复；

③ 一个基质/污染基质的重复；

④ 由于疏忽未对野外重复样品（AT-GW-DUP01-04242018）进行氰化物、TDS 和 TSS 分析。

（4）地下水数据评估方法

相关机构对 2017 年以前的修复措施评估进行更新，并在前两轮 LTGM 数据的基础上确定以下内容：

① 地下水中 COC 的 MNA 是否正在朝着实现 IGCL 趋势进行？

② 对于当前地下水中 COC 浓度超过 IGCL 的地区，在当前污染物衰减速率下，要达到 IGCL 需要多长时间？

③ 在合理的时间内可以采取哪些步骤来实现修复目标？

为了回答这些问题，相关机构委托 Tetra Tech 公司更新了 2017 年 2 月为该项目准备的 LTGM 数据的统计和图表分析的结果。最近两轮收集的地下水数据将于 2017 年 5 月和 2018 年 4 月添加到数据集中，并根据当前场地条件重新评估数据。

采用 Mann-Kendall 对现有地下水数据进行统计分析，数据来自最近的 LTGM 中超出项目行动水平（PAL）的监测井。最终质量保证项目计划中规定的 PAL 与污染物的 IGCL 一致，这些污染物包括铜、镍、锌、氰化物和甲苯。评估未包括甲苯，因为自 2007 年 12 月 LTGM 计划实施以来，采样过程中未在任何地下水监测位置检测到该污染物，并且从未在任何位置检测到任何超过 IGCL 的该污染物。除了铜、镍、锌和氰化物，在地下水中观察到的唯一超过 PAL 的其他目标污染物（COC）是四氯乙烯（PCE）。对地下水数据进行统计分析，以评估地下水数据是否呈上升或下降趋势，或者是否有明显趋势；根据当前数据趋势还使用曲线拟合方法来预测实现修复目标所需的时间。LTGM 数据表明，有五种污染物已超过其各自的 PAL，分别是铜、镍、锌、氰化物和 PCE。以下监测井含有一种或多种这些污染物，其浓度超过了 PAL 或 IGCL，分别是 MW-2、MW-3、MW-7、MW-12、MW-13、MW-14、MW-15 和 AT-8。自从 2007 年监测活动开始以来，已收集了 19 轮监测数据。在监测期间，三口井（MW-7、MW-15 和♯519）出现过间歇性干涸现象。根据指导文件"RCRA 设施的地下水监测数据统计分析"和"环境污染监测统计方法"，对 LTGM 数据进行了统计和图表分析。Mann-Kendall 分析中使用的测试版本适用于 40 个或更少样本结果的数据集。与许多统计检验一样，当样本量较大时，结果的有效性也会提高；但是，也可以对至少四个值进行分析。未检测到的污染物浓度指定为零，Mann-Kendall 分析会比较数字的相对大小，而不是实际值，该统计分析方法是有效的。统计评估是在高置信度水平（分别为 90％和 95％）下进行的，以减少实际上趋势的错误识别。

（5）统计分析结果

统计分析的结果总结如下：

① 在监测井 MW-7 和 AT-8 中，铜、镍和锌的浓度在统计上具有明显的下降趋势。此外，在最近的 LTGM 中两个位置的锌浓度均低于 IGGL；

② MW-12 中没有发现铜的显著变化趋势；但是，在过去的两次 LTGM 中，铜一直低于 IGCL；

③ 2007～2018 年数据集分析表明，MW-3 井中没有观察到镍的显著变化趋势（$p=0.124$）；然而，对 2010～2018 年 MW-3 镍数据的分析显示出明显的下降趋势（$p=0.027$）；

④ MW-12 处的氰化物浓度存在显著的下降趋势（$p=0.045$），并且在过去两次 LTGM 中均低于 IGCL；

⑤ 在 MW-13 井（$p=0.486$）（图 5-5）或 MW-14 井（$p=0.500$）中未观察到氰化物明显的统计趋势。自 2012 年 10 月的 LTGM 以来，MW-14 处的氰化物浓度一直低于 IGCL；

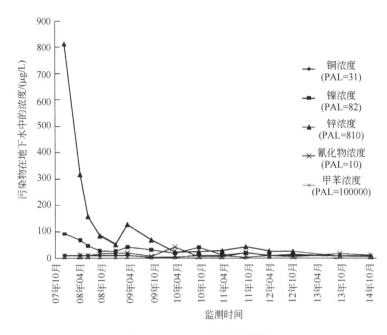

图 5-5　MW-13 监测结果[37]

注：PAL-Project Action Limits（项目行动标准）或临时地下水清理标准（IGCLs）

⑥ 在 MW-2 和 MW-15R 井中未发现 PCE 的统计趋势。

（6）图表分析结果

对于当前已超过场地的 PAL 或 IGCL 的已识别监测井，计算一阶衰减率常数（基于图形趋势投影），并且使用 Mann-Kendall 分析或一阶速率图形计算下降趋势线投影[39]。基于污染物数据随时间的线性回归分析，计算了一级衰减率常数和达到修复目标的时间[39]。达到修复目标或 PAL 所需时间的估算仅基于图形分析，该图形分析使用了 10 年（2007～2018 年）的地下水监测数据来预测趋势的延续。每次将新数据添加到曲线时，预计达到目标的时间都会改变。2010 年 4 月～2018 年 4 月，MW-3 镍的衰减速率常数为 0.079/a，MW-7 铜的衰减速率常数为 0.105/a。从 2018 年的条件来看，实现 IGCL 的预计还需大约 11.3 年（AT-8 井的铜）～14.8 年（MW-7 井的铜）。镍自 2010 年以来的衰减速度持续下降，在一年之内降至 IGCL 以下。PCE 在 MW-2 和 MW15R 达到 PAL 的时间不确定，因为在任一位置均未观察到 PCE 的统计学显著下降趋势。

（7）自然衰减评估

于 2016 年 10 月对选定的自然衰减参数进行了采样分析，获取的数据以定量评估地下水的地球化学条件。对于无机污染物，低 pH 值或负氧化还原电位（ORP）条件有利于金属溶解，而相反的情况则有利于金属沉淀。2016 年 10 月的自然衰减参数和 2018 年 4 月的 LTGM 期间的地下水分析数据表明，该场地的地球化学条件有利于金属衰减（沉淀），例如：在 AT-8 观察到该井的溶解氧升高，ORP 值为正，pH 呈弱酸性，并且数据表明还原条件的降低不是由于缺乏硝酸盐、铁或硫酸盐的还原而导致的。这种地球化学环境（似乎是现场井的典型环境）通常会有利于金属沉淀，AT-8 井的地下水中铜、镍和锌的浓度正在稳步下降。相反，缺乏还原条件会减慢有机物（如 PCE）的生物降解，并且可能是地下水中残留 PCE 浓度下降速度非常缓慢的原因。

5.3.6　案例小结

2000 年 ROD 预计修复花费约为 1810 万美元，包括长期响应行动（LTRA）和 O&M。从 2002 年开始响应行动（RA），O&M 每年的实际响应行动总费用为 2060 万美元，LTRA 每年花费大约 50000～100000 美元，前五年 O&M 的费用为 50000 美元/年。

美国马萨诸塞州阿特拉斯场地是一个典型的包含重金属和有机污染物的复合污染场地。该场地在经过开挖-回填、植物修复（第二阶段后取消）后（2000～2007 年），把监测自然衰减作为场地风险管控的主要措施（预计 10 年达到目标）。关于该场地重要的发现是重金属会在扩散过程中被土壤逐渐吸附、稀释，并在数月至 14.8 年不等的时间内降到 ROD 规定的临时地下水净化标准以下。我国重金属与有机污染复合场地占比超 30%，且具有修复的难点。该案例启示我们，除传统的土壤淋洗、植物萃取、稳定化等风险管控方式之外，还可以通过监测自然衰减对重金属进行管控，其成本将显著低于其他方式。该案例还显示，修复结合风险管控的治理方式在经济上和效果上是可以达到较好的耦合的。

参 考 文 献

［1］ Chapelle F. Methodology for applying monitored natural attenuation to petroleum hydrocarbon-contaminated ground-water systems with examples from South Carolina. 2000：US Department of the Interior，US Geological Survey.

［2］ Su X S，et al. Fate and reactions of methane during biodegradation in an aquifer contaminated with petroleum hydrocarbons in Northeast China. Geochemical Journal，2016，50（2）：153-161.

［3］ Moreira C A，Helene L P I，Cortes A R P. Integration of geoelectric and geochemical data in the evaluation of natural attenuation in a diesel contaminated site in Sao Manuel（Brazil）. Geofisica Internacional，2017，56（3）：229-241.

［4］ Lv H，Wang Y，Wang H. Determination of major pollutant and biogeochemical processes in an oil-contaminated aquifer using human health risk assessment and multivariate statistical analysis. Human and Ecological Risk Assessment，2019，25（3）：505-526.

［5］ Blum P，et al. Importance of heterocylic aromatic compounds in monitored natural attenuation for coal tar contaminated aquifers：A review. Journal of Contaminant Hydrology，2011，126（3-4）：181-194.

［6］ Rugner H，et al. Application of monitored natural attenuation in contaminated land management-A review and recommended approach for Europe. Environmental Science & Policy，2006，9（6）：568-576.

［7］ Megharaj M，et al. Bioremediation approaches for organic pollutants：A critical perspective. Environment International，2011，37：1362-1375.

［8］ Declercq I，Cappuyns V，Y. J. S. o. t. E. Duclos. Monitored natural attenuation（MNA）of contaminated soils：state of the art in Europe—A critical evaluation. Science of the Total Environment，2012，426：393-405.

［9］ 张翠云，等. 地下水污染自然衰减研究进展. 南水北调与水利科技，2010，8（06）：50-52，62.

［10］ 马杰. 污染场地监测自然衰减技术的原理与应用. 2019 年中国土壤学会土壤环境专业委员会、土壤化学专业委员会联合学术研讨会，2019，中国重庆.

［11］ Hagedorn B，et al. Geochemical and VOC-constraints on landfill gas age and attenuation characteristics：A case study from a waste disposal facility in Southern California. Waste Management，2016，53：144-155.

［12］ Kolhatkar R，Schnobrich M. Land Application of Sulfate Salts for Enhanced Natural Attenuation of Benzene in Groundwater：A Case Study. Ground Water Monitoring and Remediation，2017，37（2）：43-57.

［13］ Sbarbati C，et al. Reactive and Mixing Processes Governing Ammonium and Nitrate Coexistence in a Polluted Coastal Aquifer. Geosciences，2018.

［14］ Kawabe Y，Komai T. A Case Study of Natural Attenuation of Chlorinated Solvents Under Unstable Groundwater Conditions in Takahata，Japan. Bulletin of Environmental Contamination and Toxicology，

2019, 102 (2): 280-286.

[15] Abiriga D L S, Vestgarden H K. Groundwater contamination from a municipal landfill: Effect of age, landfill closure, and season on groundwater chemistry. Science of the Total Environment, 2020, 737.

[16] Weatherill J J, et al. Natural attenuation of chlorinated ethenes in hyporheic zones: A review of key biogeochemical processes and in-situ transformation potential. Water Research, 2018, 128: 362-382.

[17] Abioye S O, Pereraz E D P. Public health effects due to insufficient groundwater quality monitoring in Igando and Agbowo regions in Nigeria: A review. Sustainable Water Resources Management, 2019, 5 (4): 1711-1721.

[18] Yin K, et al. Insights for transformation of contaminants in leachate at a tropical landfill dominated by natural attenuation. Waste Management, 2016, 53: 105-115.

[19] Khan N A, Carroll K C. Natural attenuation method for contaminant remediation reagent delivery assessment for in situ chemical oxidation using aqueous ozone. Chemosphere, 2020, 247.

[20] Cozzarelli I M, et al. Arsenic Cycling in Hydrocarbon Plumes: Secondary Effects of Natural Attenuation. Groundwater, 2016, 54 (1): 35-45.

[21] McLean M I, et al. Statistical modelling of groundwater contamination monitoring data: A comparison of spatial and spatiotemporal methods. Science of the Total Environment, 2019, 652: 1339-1346.

[22] Park S, et al. Monitoring nitrate natural attenuation and analysis of indigenous micro-organism community in groundwater. Desalination and Water Treatment, 2016, 57 (1): 24096-24108.

[23] Lee K S, Ko K S, Kim E Y. Application of stable isotopes and dissolved ions for monitoring landfill leachate contamination. Environmental Geochemistry and Health, 2020, 42 (5): 1387-1399.

[24] Morita A K M, et al. Long-term geophysical monitoring of an abandoned dumpsite area in a Guarani Aquifer recharge zone. Journal of Contaminant Hydrology, 2020, 230.

[25] Sayler G S, et al. Molecular site assessment and process monitoring in bioremediation and natural attenuation. Applied Biochemistry and Biotechnology, 1995, 54 (1-3): 277-290.

[26] Wiedemeier T H, et al. Designing monitoring programs to evaluate the performance of natural attenuation, 2000.

[27] Gargini A, et al. The use of monitored natural attenuation as a cost-effective technique for groundwater restoration. The case study of RE XCO (UK), 2002.

[28] Khan F I, Husain T. Risk-based monitored natural attenuation-a case study. Journal of Hazardous Materials, 2001, 85 (3): 243-272.

[29] Mazzeo D E C, Fernandes T C C, Marin-Morales M A. Attesting the efficiency of monitored natural attenuation in the detoxification of sewage sludge by means of genotoxic and mutagenic bioassays. Chemosphere, 2016, 163: 508-515.

[30] Yang Y, Wang J G, Publicat I D. A Study of Biological Process in Controlling the Petroleum Hydrocarbon Pollution by Monitored Natural Attenuation. 2016 International Conference on Material, Energy and

Environment Engineering，2016：281-287.

［31］ Ottosen C B，et al. In Situ Quantification of Degradation Is Needed for Reliable Risk Assessments and Site-Specific Monitored Natural Attenuation. Environmental Science & Technology，2019，53（1）：1-3.

［32］ Agency，U. S. E. P. Superfund Remedy Report 16th Edition，2020.

［33］ Environment，A. T. ，S. G. Solutions. Project SIReN：Phase 2a conceptual site model & groundwater model R&D technical report P2-208/TR/2，2001.

［34］ Environment，A. T. ，S. G. Solutions. Project Siren：Phase 2a Benchmarking of Monitored Natural Attenuation Procedures R&D Technical Report 2-208/TR/1，2001.

［35］ Project SIReN：The Site for Innovative Research into Monitored Natural Attenuation. CL：AIRE，2016.

［36］ The Site for Innovative Research into Monitored Natural Attenuation. CL：AIRE，2015.

［37］ Agency，U. S. E. P. Second five-year review report for atlas tack superfund site bristol county，massachusetts，2015.

［38］ Agency，U. S. E. P. Preliminary Close Out Report Atlas Tack Corporation Superfund Site Fairhaven，Massachusetts，2007.

［39］ Solutions，K. G. LLC（KGS）. Final Technical Memorandum Groundwater Remedy Evaluation Update Atlas Tack Corporation Superfund Site Fairhaven，Massachusetts，2019.

［40］ Solutions，K. G. LLC（KGS）. Final Long-Term Groundwater Monitoring 2018 Annual Summary Report Atlas Tack Corporation Superfund Site，Fairhaven，MA，2018.

第6章 多风险管控技术联合使用

6.1 多风险管控技术联用介绍

在实际的场地治理中，由于污染结构复杂，单一管控技术有时并不能有效完成治理目标[1-5]。综合考虑治理效果和经济成本后，多风险管控技术联用是一种有效手段。例如，由于场地污染的复杂性和土壤的异质性，污染程度往往存在空间上的差异性[6-13]，针对不同污染程度和风险的区域，宜采取不同的治理策略（图 6-1）。针对重度污染区，以污染源阻断和总量快速削减为目标，可针对高浓度源头实施阻隔和覆盖[14-18]。针对轻微污染区，采取主动修复的手段获得的环境效益偏低、可持续性不足[19-22]，因此可以采用监测自然衰减管控措施进行长期风险管理。此外，采用单一的修复技术将污染物浓度降低至一定浓度后，其边际修复耗能逐渐升高、边际修复效率逐渐降低[23-27]，可通过多技术联合（高浓度修复＋降低到低浓度后

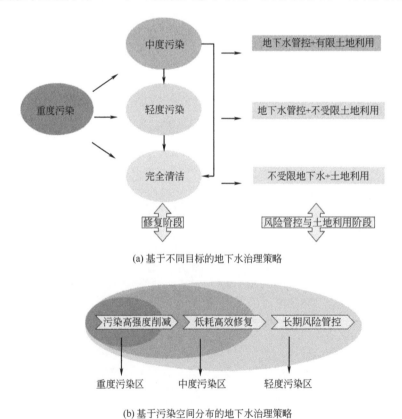

(a) 基于不同目标的地下水治理策略

(b) 基于污染空间分布的地下水治理策略

图 6-1 根据污染程度制定不同的地下水污染治理对策[28]

管控）的方式达到低耗高效修复的目的[28]。

本章重点介绍美国宾夕法尼亚州奥斯本垃圾填埋场场地风险管控案例[29-31]。该场地是一个重金属有机复合污染场地。以阻隔＋覆盖的形式对污染源头重点区域进行了封闭式的风险管控。在阻隔墙内，通过传统的地下水抽出处理技术清理地下水中的污染物，加速污染源头的削减。对污染较轻的湿地区域，使用监测自然衰减技术进行风险管控，确保污染物浓度在标准范围内。最后，通过长期监测和五年审查对场地长期运行状态进行追踪和评估。

6.2　美国宾夕法尼亚州奥斯本垃圾填埋场风险管控案例分析

6.2.1　案例背景介绍

该场地位于宾夕法尼亚州默瑟县派恩镇，距格罗夫（Grove）市以东不到1mile。该场地内有一个 12acre 的露天填埋场，这里曾是一个露天矿场。场地北部有一片林地，在扩展区街的东部和东南部都有农田。场地西边有一个大型浅水塘，为联邦保护的湿地。场地以南的湿地位于 East Pine 扩展街区的两侧。场地周边区域人烟稀少，附近大多数住宅房都位于 Enterprise 路，在 Enterprise 路以北约1/4mile，或者 Diamond 路以东。

据推算，该矿场的开采活动始于 20 世纪 40 年代末，止于 20 世纪 90 年代初。贯穿矿场中心的一个 460m（1500ft）长的矿坑，是采矿作业的残余部分。该区域在 20 世纪 50 年代至 1978 年间作为废物处置区，处理的材料大部分是深色、粗糙的铸造用砂，以及炉渣、废金属、木材、纸张和塑料。放置在地表的处置桶于另一项目实施过程中被移出场地。宾夕法尼亚州环境资源局于 1978 年勒令停止了该场地的废物处置行为。场地的治理工作从 1990 年开始。

该场地是有机无机复合污染场地，以垂直阻隔作为主要风险管控手段，通过包封隔离了污染源，配合地下水抽出处理技术加速了污染源头削减，配合植被覆盖恢复了场地的生态功能[29-31]。对于污染不太严重的湿地地区，使用监测自然衰减的风险管控措施进行了控制。该案例经验对我国大量复合污染场地的多技术联合治理具有重要参考价值。

6.2.2　场地情况

（1）场地地质条件

布鲁克维尔（Brookville）煤矿的地层一般有几英尺厚，从经济的角度看是可开采的。该处的煤矿是露天开采而相邻区域是深度开采的。Brookville 煤矿上层覆盖着 20～50ft 厚的砂岩和砂质页岩，即克拉利（Clarion）砂岩。场地西部没有 Clarion 砂岩，露天开采活动已使得该岩层从多数场地地层的顶层附近消失。

（2）场地水文条件

管控措施将地下水分为两个单元：Clarion 含水层、矿井孔隙系统组成的单元和 Connequenessing 和 Burgoon 含水层组成的单元。Clarion 岩组是该区最主要的连续基岩单元。它含有砂岩、页岩和煤层。

场地下方的含水层是克拉利岩组的砂岩和煤层，Homewood 砂岩，上渗、下渗砂岩和 Burgoon 砂石，不含松散物质，克拉利含水层位于最上层。Brookville 煤矿孔隙和克拉利砂岩属于同一含水层，没有含水层将这两个渗透单元分开。地下水流向是东北偏东方向。

（3）场地调查

该阶段进行了多次场地环境调查。调查主要集中在填埋区、场地西南部的湿地、Clarion 含水层/矿井孔隙系统、Homewood 含水层以及更深的 Connoquenessing 和 Burgoon 含水层。场地调查记录了填埋场中超过 EPA 管制值的污染物浓度，和 Clarion 地层中超过《安全饮用水法案》允许的最大污染浓度水平（MCLs）的地下水氯乙烯浓度。场地西南部的湿地中未发现关注的污染物。

1990 年 9 月发布的第一份决策记录（ROD♯1）选择在场地周围安装泥浆墙和黏土覆盖层以防止污染物渗透到填料中。为防止渗滤液溢出填料，在填料中安装了抽取井，以去除渗滤液并形成一个向内的水力梯度。对收集的渗滤液进行除铁和锰，抽气和炭吸附处理。处理后的渗滤液被注入矿池东部地下区域。ROD♯1 还选择将泵提和污染地下水处理作为 Clarion 含水层的管控措施。在设计阶段，现场调查工作表明，无法按照 ROD♯1 中的要求对 Clarion 含水层进行风险管控。设计管控措施过程中进行的含水层响应实验表明，在 Clarion 含水层中放置抽水井并不能形成理想的地下水截留区。抽水井反而会把狭窄水柱从污染程度更高的矿井水池抽到 Clarion 含水层中。EPA 也曾对深层的含水层进行了补充调查，这些含水层和浅层含水层互不相通。因此，EPA 决定在所有调查完成后，再发布地下水的可实施性决策文件（ROD）。

1997 年 12 月 30 日发布的二号 ROD（ROD♯2）涉及所有场地地下水和场地西南部的湿地。该阶段对西南部的湿地进行了重点补充性的环境调查，包括湿地沉积物和地表水采样、生物样本测定和蚯蚓体内多氯联苯（PCB）的生物富集研究。结果表明，湿地未受到场地污染的影响，EPA 对西南湿地选择了"无需采取行动"的决策。多年的地下水监测结果显示，Clarion 含水层/矿池中的污染物浓度正在减少，在五年内达到 MCLs。EPA 对受污染的 Clarion 含水层选择了"监测自然衰减"方案，对场地深层的 Connoquenessing 和 Burgoon 含水层进行了为期三年的地下水监测，场地所有施工完成后，在达到 ROD♯2 所规定的 MCLs 并进行维护之前，需对 Clarion 含水层进行持续监测。渗滤液处理系统自 1996 年 1 月开始运行，并已将泥浆墙内的水位降低，从而使 Clarion 含水层产生向内的压力梯度。泥浆墙内的水位降低，通常会在 Homewood 含水层和填料之间产生一个向内的梯度，然而有两口井并未达到预期反应目标。H3 和 H4 性能井表明，Pine 延伸街区南端的 Homewood 含水层可能没有产生向内的梯度。EPA 要求 Cooper 公司对已有信息进行分析并试图确定梯度下降的原因，分析结果收录在《1998 年 3 月 17 日 Osborne 垃圾填埋场 OU1 管控行动》的报告中。该报告显示，此问题与泥浆墙内的泄漏无关。填料与 Clarion 含水层之间的梯度适宜，填料中的水位下降了，但是 Homewood 含水层压力下降得更快。当 Cooper 公司在 1.5h 内关闭了现场的一个抽取井时（EX-8），Homewood 含水层的水位恢复了 3 英尺多。Cooper 公司的报告表明由于该地区缺乏黏土层，这些开采井优先从 Homewood 含水层取水，而不是从填料中取水。这可能是由如上所述的测量梯度的方法导致的，或是填埋场的某个区域没有达到 Homewood 含水层的向内梯度。即使填充物料受到严重污染，泥浆墙内的渗滤液逐渐接近 MCLs 标准值的变化趋势不会受影响。以上结果表明渗滤液对 Homewood 含水层的影响风险很小。在整个填埋场内，该含水层已形成向内的梯度。EPA 认为当前的管控措施是适合的。Cooper 公司需要保持与 Clarion 含水层相关的 1ft 水的向内压力梯度，还需要保持给定的开采率，除非出现不利的水文条件。在这种情况下，Cooper 公司必须向 EPA 证明该系统正在实现对现有系统和条件的最大提取率。

EPA 在 1998 年 8 月 24 日发布的显著性差异解释（Explanation of Significant Difference，ESD）中修改了向内梯度的测量方法。ESD 中还记录了使用实际定量水平（Practical Quantitation Levels，PQLs）代替方法检测水平以便处理未检出值。因为从实用的角度出发，商业实验室不满足方法检测水平列出的检出限。在 ROD♯1 中，EPA 规定将使用方法检测水平来确定污染物是否达到未检出水平。ESD 还对一些制度控制措施进行了修改，包括：

① 将禁令从半径 0.5mile 的范围减少到仅限填埋场所在地；

② 宾夕法尼亚州联邦政府（而非 EPA）将执行现场附近矿物移除禁令。

在 ROD♯2 中，EPA 特别将监测井列为 CM-2（监测自然衰减）的一部分。在为备选方案 CM-2 开展可行性研究时，泥浆墙和黏土覆盖尚未修建。泥浆墙和黏土壤覆盖层施工时需要关闭一些可能被施工破坏的井。ROD♯2 中的两口井因其位置妨碍施工而废弃，Cooper 公司向 EPA 告知了这一情况。废弃的两口井分别是 MW-V2（与原围栏相邻的空井）和 MWC-3（与原围栏相邻的空井）。安装的性能井以及 C-2 和 C-3 非常靠近这些封闭井的位置，并从 Clarion 含水层收集水。因此从监测网络中移除 MW-V2 和 MWC-3 并不会对监测范围产生很大影响。EPA 于 1998 年 8 月 24 日为 ROD♯2 发布了 ESD，修正了监测井的清单。监测自然衰减的取样工作于 1999 年春季开始，持续进行直到 Clarion 含水层达到 MCLs。

（4）污染状况

采矿作业始于 20 世纪 40 年代，矿井废弃后露天矿井充满了地下渗水。在 20 世纪 50 年代后期，接纳工业废料和填充物的垃圾填埋场开始在这个私有场地中运作。废物被倾倒在矿坑里并逐渐掩盖矿井中的水。先在堆填区处置了约 178140.99m³（233000yd³）的堆填物料。现场处理的材料包括铸造废砂、主要废弃物、污泥（从水爆破设备收集沉淀的污泥）、废弃碳化物（一种由石灰和水泥浆组成的副产品）、电镀和清洗罐产生的废酸，以及 Sunoco® 酒精和废溶剂。包括废钢、木材和金属碎片在内的碎片被运到以前的处置区。现场处置的废物的污染物包括多氯联苯（PCBs）（主要是 Aroclor1254）、多环芳烃（PAHs）、金属（包括铅和铬）和几种挥发性有机化合物（VOCs）。填料中的危险物质主要包括地下水中的 PCBs、PAHs、重金属和 VOCs。

1978 年 4 月，前宾夕法尼亚州环境资源局（Pennsylvania Department of Environmental Resources）的帕德普（PADEP）以所有者未经许可经营垃圾填埋场为由，下令关闭该垃圾填埋场。为了掩盖废物，在短时间内允许其继续处理铸造废砂。EPA 认定 Cooper 公司（现为卡梅伦国际公司）为该场地的潜在责任方。通用电气公司（General Electric Corporation）也被认定为潜在责任方，责任方需按要求在该场地处理包含有害物质的材料。

6.2.3　风险管控方案及目标

该场地的核心管控方案是在场地周围建造垂直阻隔墙，把场地包围起来，以防止场地污染物随着地下水进入下游居民水源地。地下水抽出技术也被用于该场地的治理，主要目的是处理泥浆墙内的地下水，减少渗滤液中污染物的浓度，并维持朝向场地内的水力梯度。监测自然衰减技术用于监测和评估场地附近湿地的地下水中污染物浓度水平，来检验阻隔管控措施是否有效运行，确保居民未受蒸汽入侵的影响。同时还结合了一定的制度控制，确保管控的长期有效运行以及附近居民的饮水安全。

6.2.4　风险管控实施

（1）植被覆盖

库珀（Cooper）公司根据 1991 年 3 月 29 日发布的单方面命令来开展管控方案设计（Remedial Design，RD）和管控行动（Remedial Action，RA）。Cooper 公司于 1995 年 8 月 5 日开始现场施工。场地土壤被挖出并且分级，操作平台被嵌入到场地北侧的高墙处。场地东北侧的矿井系统完全密封，并用水泥浆填充。在填充区周围和已隔离的矿坑周围安装了一堵泥浆墙，完全包围露天矿坑和废料。泥浆墙安装在大约 40ft 深的地方，并嵌入到矿坑底部黏土层下面的砂岩中以保证结构强度。泥浆墙安装的同时建设渗滤液处理系统。现场渗滤液池在充水时排干，渗滤液经过处理后通过注入井排出，注入井位于场地东北方向的矿池内。对泥浆墙内的区域进行分析，并在填料中安装抽水井和连接管道以清除渗滤液，渗滤液抽取系统于 1996 年 1 月开始运作，以便在盖建该工程期间将水排出，防止容器内集聚渗入的雨水。为测量地下水和渗滤液污染物水平，安装了 6 个性能井网以采集污染物样本。在排水层和 2ft 厚的土壤上安装了一个土工复合膜衬层。排水管围绕着覆盖层收集雨水径流，并排放到垃圾填埋场旁的小溪中。

    截至 1998 年 7 月，覆盖层已完全被植物覆盖（图 6-2）。在所有工作圆满完成时，Cooper 公司按托管金额支付给承包商款项。州项目经理对所有施工的完成度感到非常满意。作为 ROD♯1 所要求的管控措施的一部分，Cooper 公司替换了几英亩因安装覆盖层而受损的湿地（图 6-3）。这些人工建造湿地的植被覆盖度已达到与邻近的湿地难以区分的程度。渗滤液处理系统由一套管道和阀组、取样口、计算机控制系统和实际处理单元组成。渗滤液通过一个低剖面空气汽提塔，以去除挥

图 6-2　植被覆盖

图 6-3　湿地

发性污染物。锰、铁和其他金属通过一个绿砂过滤系统去除。处理后的渗滤液符合安全饮用水法案所要求的最大污染物水平。处理后的渗滤液通过地下管道系统进入位于矿池东北方向的 3 个注入井。渗滤液从垃圾填埋场内部低于外部含水层压力水平处被提取。ROD♯1 至少需要 1ft 的向内水力梯度。相对于 Clarion 含水层和 Homewood 含水层中的大多数性能井，垃圾填埋场已超出这一梯度。EPA 对当前的水力梯度很满意。每个季度需对性能井取样四次以上。在这些性能井中仅检测到微量污染物，因此每半年取样一次。除了性能井所需的取样外，ROD♯2 还要求在 Clarion 含水层和深层含水层中取样，作为自然衰减管控措施的一部分。ROD♯2 和 RI/RF 的数据显示污染物浓度显著下降，表明污染物自然衰减过程发挥了作用。需对 Clarion 含水层中的水井进行采样，直至达到最大持续水位；并对深层含水层中的水井进行为期三年的取样，以核实这些含水层是否未受污染。

（2）阻隔墙灌浆及地下水抽取

阻隔墙技术使用工程流体和膨润土来支撑垂直沟槽的侧壁。由于存在高达 2.4m 的矿坑，若在深部矿井的孔隙中修建泥浆墙将会直接造成灾难性损失。

该项目采用矿井注浆技术进行填充。沿泥浆壁对齐进行灌浆有两个目的：一是为泥浆壁施工提供围挡；二是防止潜在的矿井沉降而损坏浆壁。靠近泥浆壁中心线的位置安装了三排灌浆孔。在泥浆墙外 15m 处安装了一个外部隔板作为第一排；第二排灌浆孔安装在泥浆壁内约 10.5m 处，与垃圾填埋场和高墙相邻；第三排灌浆孔沿浆体墙对齐布置。

使用标准空气旋转钻机安装灌浆孔。将直径 200mm 的钢套管通过覆盖层安装到 Clarion 岩层的顶部。在岩层中钻了一个直径 100mm 的孔，以 3m 为间距在 3 条线上钻孔，以识别矿井空隙和破碎的岩石。若遇到空隙，中心孔间距减少 1.5m。

承包商进行了混合试验，以确定所需的煤粉灰与水泥配比，保证在低坍落度或高坍落度灌浆 7 天后均达到标准 100psi（1psi＝6.895kPa）强度。低坍落度灌浆要求坍落度在 25～75mm 之间，由 9∶1 的煤粉灰与水泥组成，水固比为 0.154。高坍落度灌浆要求坍落度为 200～250mm，由 8∶1 的煤粉灰与水泥组成，水固比为 1.3。两种灌浆均要求在 7d 内达到 100psi 的最小抗压强度。

灌浆工作从外部仓壁钻孔开始。为确保检测到所有可能的空隙，规范要求每一个外部孔钻入 Brookville 煤矿黏土层下 0.6m。在场地工厂制备的低坍落度灌浆通过孔底的灌浆管注入。随着压力的增加，管道被抬高，形成一个灌浆柱。在相邻孔中重复该过程时，会形成一个低坍落度灌浆隔板，目的是形成一个屏障，以容纳对内灌浆孔和浆壁灌浆孔进行的高坍落度压力灌浆。

一旦足够数量的外部仓壁孔完成，内部和中心压力孔的工作就会开始。内排钻孔在 Brookville 煤矿土层以下 0.6m 处，中心压力孔钻入 1.5m 处。两组孔均采用高坍落度灌浆进行压力灌浆，以填补矿井和高度破碎岩石中的孔隙。

项目规定采用泥浆槽技术安装宽为 0.6m 的土-膨润土隔离墙，嵌入 Brookville 煤矿黏土层下 1.5m 深的 Homewood 砂岩。在深部矿区，防渗墙嵌入到地下黏土层中。制定墙壁回填土的导水率为 1×10^{-7}cm，使用开挖土壤和 2% 膨润土黏土混合物。

用于支撑沟槽的膨润土泥浆在沟槽侧壁形成一个滤饼，阻挡土壤并形成一个水力屏障。永久性墙是用设计的低渗透回填料代替泥浆制成的。在施工期间，通过控制泥浆特性（密度、黏度等）和保持沟内泥浆水平高于地下水位来保持沟渠的稳定性。

承包商进行了混合试验，确定需要在现场土壤中添加 2% 膨润土以确保回填符合性能规范。为达到 2% 膨润土添加量，将 1% 的干膨润土添加到从沟槽清挖的废弃土中。从工业标准的角度保守估计，1% 的膨润土会被挖出的废渣吸收。泥浆是用场地的池水与优质钠/钙蒙脱石黏土或膨润土混合而成。这些材料在一个专门设计的 12.5m³ 的胶体混合器中混合成均匀的胶体悬浮液。在引入沟渠之前，要求泥浆的密度至少达到 64lb/ft³（1lb/ft³≈16.02kg/m³），马氏漏斗的黏度约为 40s。通常情况下，在大约 3200L 的混合水中需加入 4~5 次 45kg 的膨润土以确保沟槽的稳定性并符合规格要求。

1995 年秋季进行矿井灌浆。沿约 275m 的泥浆壁进行灌浆。灌浆计划包括安装 9850m 长泥浆墙及 660 个钻孔，更换 22300m³ 的灌浆。

1996 年在深井矿区安装了泥浆墙。因为抗压强度相对较低，仅为 100lb/in²（1lb/in²＝6.895kPa），灌浆材料的开挖没有造成其他问题。泥浆墙穿过深井矿区，没有任何泥浆损失或回填塌方。

另一个可能的问题是水泥对膨润土的影响。通过水泥稳定土建造的膨润土泥浆墙历来存在膨润土絮凝问题，木质素磺酸盐可作为膨润土泥浆的添加剂来抵消这一影响。本项目无任何问题，无需添加木质素磺酸盐。

(3) 密封系统

渗滤液处理系统从 1996~2004 年运行，处理泥浆墙内的地下水（图 6-4）。

图 6-4 地下水处理建筑[30]

处理方法包括绿砂过滤、投加高锰酸盐和空气吹脱。处理后的水被注入 Clarion 含水层的矿洞中。运行期间，每分钟抽取 10～20gal 污染地下水。2003 年，为可渗透反应墙准备了一个抽取井污染物反弹测试，并向 EPA 提交了一份关闭渗滤液处理系统的提案。该系统于 2004 年 2 月关闭，随后进行了污染物反弹测试。从场地周围的井中采集的样本表明，密封系统正在运行，场地内污染物没有迁移到场地以外。因此，渗滤液抽取和处理系统仍处于关闭状态。由于固体废弃物仍然存在，因此需要在填埋场单元 1 中进行抽样和检查，以监测管控措施的有效性。

设计密封系统是为了防止污染物进入，为该地区居民提供饮用水的含水层，形成一条公共水线为场地附近的居民提供饮水服务。该水线于 1994 年安装，沿 Enterprise 路（厂区北）延伸至 Diamond 路（厂区东），沿 Diamond 路向南和向西延伸。1982 年第 5 号 Pine 镇条例提出关于提供供水服务的规则，要求所有业主连接公共供水系统，除非距离供水管道超过 150ft。在调查期间，只发现了一口受污染的住户井。

1999 年 6 月，Cameron 国际公司购买了 22 英亩的土地，其中包括 12 英亩的垃圾填埋场。该公司严格遵守机构控制要求，包括在达到清理水平之前禁止使用或干扰地下水，以及禁止在垃圾填埋场内新建水井。前填埋区周边设置围栏限制进出，限制令也限制了对场地的使用（不得用作住宅、商业或工业用途，不得进行妨碍场地环境应急响应有效性的活动、不得进行挖掘活动）。Cameron 国际公司还修复了在覆盖安装过程中损坏的几英亩湿地。

在 1990 年 ROD♯1 所要求的设计阶段，Clarion 含水层发生了断裂，而在含水层中的井将优先向上抽取矿井孔隙水。因此，每口井的侧采区都非常有限，需要大量的抽取井才能实施治理措施。抽取井可能会把受污染的矿井水抽入用作饮用水的 Clarion 含水层中。因此，正如 1997 年 ROD 中所记录的，EPA 修改了 Clarion 含水层（单元 4）的管控措施，进行监测自然衰减。对单元 4 监测的管控措施在达到 MCLs 后将持续 5 年。由于住宅井中氯乙烯含量一直较低，Cameron 国际公司提出了一种优化方案，该计划包括从矿区北部和东部开采和处理地下水。2010 年 3 月～2012 年 2 月，Cameron 国际公司对该污水处理厂进行了改进和重新启动，并在该地区安装了一个萃取系统。在系统运作期间，大约 5610 万加仑的水被抽取、处理并重新注入矿井空隙中。所有监测点的氯乙烯浓度均有所降低，但 MWV-5 中的浓度仍在 MCL 以上波动。在停止抽取地下水以后，2012 年 12 月 MWV-5 中氯乙烯的浓度反弹至 5.7pg/L（1pg/L＝10^{-12}g/L）。长期来看，MWV-5 的浓度随着季节发生变化，自优化项目关闭以来，在所收集的 8 个样品中有 5 个样品的氯乙烯的 MCL 低于 2.0pg/L。

6.2.5 监测与效果评估

填埋场（单元 1）的风险管控可以保护环境和人类健康。填埋区渗滤液收集和处理系统的性能符合标准，填埋区覆盖层和阻隔墙的功能符合预期目标。地下水的持续监测（图 6-5）证实了管控措施的完整性。单元 1 的制度控制（Institutional Controls，ICs）涵盖了整个场地的所有必要的 ICs，使覆盖层面免受扰动，并要求场地附近的所有业主接入公共供水系统。

湿地（单元 2）的风险管控措施可有效保护环境和人类健康。1997 年 ROD 调查显示西南部湿地未受场地污染物的影响。Clarion 含水层的性能标准已达到要求，且分析结果表明除了两口矿井和一口居住井之外，其他井内水质性能均已达标。鉴于单元 2 的情况，排除了蒸气入侵的可能性。

2002 年完成的地下水监测，并确定了场地污染物未迁移到 Homewood、Connoquenessing 和 Burgoon 含水层（单元 5），表明风险管控措施都是有效的，对环

图 6-5　阻隔墙外的监测井

境和人类健康是有保护作用的。

　　该场地目前已经经过 4 轮的五年审查（累计 20 年），各项指标都满足设计要求，证明场地治理措施非常得当。

6.2.6　案例小结

　　项目的资本成本 740 万美元（ROD♯1）＋0.03 万美元（ROD♯2），操作和维护成本 80 万美元/ROD♯1＋3 万美元/ROD♯2，总成本（按运行 30 年计算）1670 万美元/ROD♯1（根据污染物负荷的减少，可能会更少）＋30 万美元/ROD♯2。与许多责任方一样，Cooper 公司并未向 EPA 提供资本支出或年度运行维护。渗滤液抽取和处理的持续时间虽不确定，但 ROD 预计会远低于 30 年甚至更多。在渗滤液中，唯一持续超过 MCLs 的污染物是氯乙烯和三氯乙烯。ROD 中估计的管控成本大部分是 30 年的运行和维护成本。实际管控实施的费用远低于 ROD 中估计的成本。

　　美国宾夕法尼亚州奥斯本垃圾填埋场场地是一个集合了多氯联苯、多环芳烃、金属（包括铅和铬）和几种挥发性有机化合物的复合污染场地。由于地处人烟稀少的区域，因此成本更低的风险管控是比修复（彻底清除）技术更合理的场地治理选择。场地治理的最主要需求是防止污染物进入附近居民的饮用水源。该案例以垂直阻隔为主要技术手段，通过包封场地切断了污染物的传播路径。在阻隔墙内，通过传统的地下水抽出处理技术清理地下水中的污染物，加速污染源头的削减，并确保了朝向场地内的地下水水力梯度。阻隔区域内进行了植被覆盖，提升了区域生态功能的恢复。管控措施施工完成后，通过制度控制进一步确保各项措施的长期有效运行。对于污染基本达标的湿地区域，使用监测自然衰减技术进行风险管控，确保污染物浓度在标准范围内。最后，通过长期监测和五年审查对场地长期运行状态进行追踪和评估。

参　考　文　献

[1]　Lin Q，Xu S H. Co-transport of heavy metals in layered saturated soil：Characteristics and simulation. Environmental Pollution，2020，261.

[2]　Saeedi M，Li L Y，Grace J R. Effect of Co-existing Heavy Metals and Natural Organic Matter on Sorption/Desorption of Polycyclic Aromatic Hydrocarbons in Soil：A Review. Pollution，2020，6（1）：1-24.

[3]　Yao Y，et al. Fate of 4-bromodiphenyl ether（BDE3）in soil and the effects of co-existed copper. Environmental Pollution，2020，261.

[4]　Zhang S C，et al. Uptake and translocation of polycyclic aromatic hydrocarbons（PAHs）and heavy metals by maize from soil irrigated with wastewater. Scientific Reports，2017，7.

[5]　Zhu X，et al. Sorption，mobility，and bioavailability of PBDEs in the agricultural soils：Roles of co-existing metals，dissolved organic matter，and fertilizers. Science of the Total Environment，2018，619：1153-1162.

[6]　Beaugelin S K. The assumption of heterogeneous or homogeneous radioactive contamination in soil/sediment：does it matter in terms of the external exposure of fauna? Journal of Environmental Radioactivity，2014，138：60-67.

[7]　Kardanpour Z，Jacobsen O S，Esbensen K H. Local versus field scale soil heterogeneity characterization-A challenge for representative sampling in pollution studies. Soil，2015，1（2）：695-705.

[8]　Meli M，et al. Population-level consequences of spatially heterogeneous exposure to heavy metals in soil：An individual-based model of springtails. Ecological Modelling，2013，250：338-351.

[9]　Mikhailovskaya L N，et al. Heterogeneity of soil contamination by Sr-90 and its absorption by herbaceous plants in the East Ural Radioactive Trace area. Science of the Total Environment，2019，651：2345-2353.

[10]　Radtke C W，Gianotto D，Roberto F F. Effects of particulate explosives on estimating contamination at a historical explosives testing area. Chemosphere，2002，46（1）：3-9.

[11]　Saha J K，et al. Assessment of Heavy Metals Contamination in Soil，in Soil Pollution-an Emerging Threat to Agriculture，2017.

[12]　Vuurens S，et al. Quantifying effects of soil heterogeneity on groundwater pollution at four sites in USA. Science in China Series C-Life Sciences，2005，48：118-127.

[13]　Zhang Q J，et al. Spatial heterogeneity of heavy metal contamination in soils and plants in Hefei，China. Scientific Reports，2019，9.

[14]　Ahamed S，et al. Arsenic groundwater contamination and its health effects in the state of Uttar Pradesh（UP）in upper and middle Ganga plain，India：A severe danger. Science of the Total Environment，2006，370（2-3）：310-322.

[15]　Cai H，Liu J，Wang M. Applying silicon on rice field for reducing cadmium concentration of rice field，

by selecting rice field having severe cadmium contamination, applying silicon to rice field, and spraying water-diluted silicon fertilizer on rice plants. Univ Changzhou.

[16] Liu J, Wang M, Zhang W. Performing irrigation and reducing chromium concentration of rice field, involves selecting rice field having severe chromium contamination, performing irrigation, hardening topsoil, and controlling moisture content of soil. Univ Changzhou.

[17] Liu J, Wang M, Zhang W. Irrigation method for reducing severe arsenic contamination in paddy field, by selecting arsenic-contaminated paddy field, tillering, irrigating, controlling water content to harden topsoil and measuring water content. Univ Changzhou.

[18] Qu P, Liu J, Sun X. Applying silicon to severe lead contamination in paddy fields to reduce rice lead concentration comprises applying silicon (based on silicon dioxide as active component) into severe lead polluted soil for twice. Univ Changzhou.

[19] Gupta A, et al. Rhizospheric remediation of organic pollutants from the soil: a green and sustainable technology for soil clean up. Abatement of Environmental Pollutants: Trends and Strategies, 2020.

[20] Hou D Y, D O'Connor. Green and sustainable remediation: concepts, principles, and pertaining research. Sustainable Remediation of Contaminated Soil and Groundwater: Materials, Processes, and Assessment, 2020.

[21] Hou D Y, D O'Connor. Green and sustainable remediation: past, present, and future developments. Sustainable Remediation of Contaminated Soil and Groundwater: Materials, Processes, and Assessment, 2020.

[22] Wang L, et al. Green remediation by using low-carbon cement-based stabilization/solidification approaches, in Sustainable Remediation of Contaminated Soil and Groundwater: Materials, Processes, and Assessment, 2020.

[23] Liu L, et al. Remediation techniques for heavy metal-contaminated soils: principles and applicability. Science of the Total Environment, 2018, 633: 206-219.

[24] Leitgib L, et al. Development of an innovative soil remediation: "Cyclodextrin-enhanced combined technology". Science of The Total Environment, 2008, 392 (1): 12-21.

[25] Zhang R H, Sun H W. Remediation of chromate contaminated soils by combined technology of electrokinetic and iron PRB, 2007, 28 (5): 1131-1136.

[26] Yao Z, et al. Review on remediation technologies of soil contaminated by heavy metals. Procedia Environmental Science, 2012, 16: 722-729.

[27] Ye S, et al. Biological technologies for the remediation of co-contaminated soil. Critical Reviews in Biotechnology, 2017, 37 (8): 1062-1076.

[28] 宋易南, 等. 京津冀化工场地地下水污染修复治理对策研究. 环境科学研究, 2020, 33 (06): 1345-1356.

[29] Carey M J, et al. Case study installation of a soil-bentonite cutoff wall through an abandoned coal mine

International Containment Technology Conference: Proceedings, 1997, 29: 141-146.

[30] Agency, U. S. E. P. Fourth five-year review report for osborne landfill superfund site mercer county, pennsylvania, 2015.

[31] Superfund preliminary close out report Osborne Landfill Superfund Site Pine Township, Mercer County, Pennsylvania, 1998.

第 7 章　风险管控技术展望

7.1 总结

本书重点介绍了固化/稳定化、可渗透反应墙、覆盖和阻隔、监测自然衰减四类风险管控技术，以及其单独和联用情况下在欧美 10 个污染场地的应用案例分析，总结如下。

7.1.1 固化/稳定化技术

美国得克萨斯州斯坦利军火库场地以铅为最典型污染物，使用磷灰石进行了稳定化风险管控，并完全达到了预期水平。该案例分析发现，固化/稳定化处理并不意味着一定要加入水泥基胶凝材料，通过分析场地修复目标，在不需要对土体强度进行提高时，可以仅使用化学稳定化技术，从而降低材料消耗。从该案例分析还可以发现，固化/稳定化技术成本主要来自材料购买和运输，可以从降低材料成本和缩短运输距离两个方面节省风险管控的预算。因此，基于工业废弃物、农业废弃物、天然矿物的绿色可持续材料具有重要的应用前景。风险管控后的长期监测非常重要。我国目前对场地修复或管控后的长期管理与长期监测缺乏足够重视。应在场地管控方案和场地预算建立期间，就明确风险管控进行后场地的长期管理与长期监测。并将场地长期管理与长期监测费用写进预算，确保其顺利展开。固化/稳定化技术由于性价比高、施工快速灵活、周期短、二次污染少等优势，在我国场地修复中具有较好的应用前景。但其长期有效性和长期监测的问题需要引起重视。

7.1.2 可渗透反应墙技术

使用零价铁可渗透反应墙对美国蒙大拿州东海伦娜场地进行了风险管控，主要目的是控制地下水中的砷。具有挑战性的水文地质特征来自地下存在的一些巨石。因此施工过程中引入了大型挖掘设备以拆除巨石。在建造 PRB 时，必须考虑地下水流速和污染物浓度的特征。在这种情况下，PRB 设计为更宽的尺寸，以解决高砷浓度和高流速的问题。另外，该示范证明用于保持沟槽敞开的生物聚合物浆料是成功的。尽管建造时还不能确定系统是否会成功，但研究人员希望 PRB 能够控制砷污染羽的迁移。最终，砷污染的处理必须涉及源头控制，PRB 只能作为管控措施的一部分。现场的源头控制包括抽出处理、隔离/围堵和原位处理，而附加的羽流控制包括抽出处理、空气喷射和监测自然衰减。PRB 本身无法控制源头的高砷浓度和地下水流速。因此，PRB 在很多时候和针对源头削减的修复技术联用能高效地实现污染场地的治理和快速重建。

英国诺森伯兰郡希尔伯特矸石堆场地可渗透反应墙管控案例是英国第一个专门处理矿山或弃渣堆渗滤液的系统。自安装以来的监测表明高酸性和强酸性矿山地下水得到了 PRB 的有效处理。富含金属的弃渣堆渗滤液中铁和铝的浓度减少了超过 90%，并且通过处理系统的酸浓度降低 80%。除 PRB 本身的成功外，土地所有者、监管机构、研究科学家和工程师之间的合作也有效地加快了技术完成的进度。PRB 在完成后仍然成了来自欧洲各地的研究访问者感兴趣的内容，并吸引了许多研究者前往现场进行研究。尽管如此，它也有其局限性。即使使用了大量的碱性材料，但高酸性的渗滤液通过 PRB 后仍然是显酸性的。安装一个厌氧/好氧反应器系统可以完全克服这一问题，但这需要的土地面积和场地救济（即可利用的液压头）远远超过了现有的场地范围。与所有处理系统（主动或被动）一样，PRB 会产生大量需要处理的固体废物。目前，有效的处置方案仅限于永久浸没或干燥包埋。在这种情况下，干燥包埋没有问题，因为该场地具有许可的废物处理设施。在其他场地，可能并不具备废物处理设施和条件，因此需要对固体废弃物的长期处置进行详细的规划。总体而言，将该 PRB 案例推广到我国矿山场地治理是完全可行的。

对英国贝尔法斯特市蒙克斯敦场地使用漏斗-通道系统 PRB 技术进行风险管控，其中泥浆墙（垂直阻隔）控制地下水流向 PRB，用 PRB 对地下水进行处理。针对污染羽较宽的情况，漏斗 PRB 技术是一种比较常见的风险管控手段，既可以节约 PRB 成本（不用太长），又可以有效实现管控的目的，在国外已经具有较多的工程应用案例，对我国类似场地风险管控具有重要学习和参考价值。

7.1.3　覆盖和阻隔技术

美国华盛顿州银山矿区位于人口相对较少的地区，场地污染以重金属为主，迁移性相对较低。综合考虑成本、风险、效益等因素，选择了以水平覆盖为主，配合围栏设置、制度控制（限制附近地下水饮用）为辅的手段进行全面的风险管控。水平覆盖的上部经过绿化，恢复了良好的生态功能。我国矿山污染场地众多，2019年全年就治理了超过 100 个矿山场地。矿山大部分位于人烟稀少的地区，因此风险管控在很多时候是比主动修复性价比更高、更绿色可持续的治理手段。因此，针对我国接下来大范围的矿山污染场地治理，覆盖结合制度控制是一种潜在可行的风险管控措施。

英国德比市普莱德公园场地阻隔管控案例使用垂直阻隔墙对污染场地实施了封闭式的风险管控，并结合地下水抽出-处理技术更快地对污染源进行了清理和削减。该场地进行了成功的重建并且焕发了新的生机（已售出三块开发用地）。对我国大量的城市污染场地的重建和再利用具有重要参考价值。

美国俄勒冈州泰勒木材厂场地使用了垂直阻隔和水平覆盖技术对整个场地实施了风险管控，阻止场地内的污染物向环境扩散迁移。在阻隔区域内使用地下水抽出技术，确保不会形成向外的水力梯度，并确保墙内地下水位位于覆盖层以下。场地风险管控施工完成后，通过有效制度控制，进一步强化了场地的风险管理，确保了场地的长期安全。同时，还实施了场地的长期监测，并以每 5 年一次的审查形式对场地的长期安全和管控的有效运行进行确认。该场地风险管控的实施经验对我国具有较高的参考和借鉴价值。我国工业污染场地中，重金属和有机污染的复合污染场地占比高达 30％以上。复合污染场地修复难度大、修复成本高，是我国目前场地修复领域的难点。美国俄勒冈州泰勒木材厂场地的管控模式成本低，施工周期也较短，管控的长期有效性也通过制度控制和长期监测得到有效保证和控制，有潜力在我国复合污染场地治理中进行推广。另外需要指出的是，该场地管控过程也出现沥青凹槽、路面塌陷等问题，但通过监管部门及时指出以及业主和施工单位及时纠正，这些问题都得到了有效的解决。因此，场地治理是一个动态的过程，出现一些问题是合理的。只要各利益相关方有效沟通，紧密配合，就能及时纠正问题，推动场地治理措施的有效运行，确保场地的长期安全。

7.1.4 监测自然衰减技术

英国 SIReN 场地是一个大型石化污染场地，主要污染物是苯系物、苯乙烯、萘和氯化脂肪烃。该场地满足监测自然衰减的基本要求：污染物在场地和地下水中确实存在生物降解、吸附等过程，污染物在地下水中的浓度和生态环境风险在可接受范围内。该场地监测自然衰减从 2000 年开始，模型预计约 16 年后污染羽会达到稳定。与针对污染源彻底清除的技术相比，监测自然衰减成本显著降低。缜密的监测方案和全面的监测数据是确保监测自然衰减有效运行的重要基础。该场地的成功经验对我国石油化工类污染场地的绿色可持续治理具有重要借鉴意义。

美国马萨诸塞州阿特拉斯场地是一个典型的包含重金属和有机污染物的复合污染场地。该案例在经过开挖-回填、植物修复（第二阶段后取消）后（2000～2007年），把监测自然衰减作为场地风险管控的主要手段（预计 10 年达到目标）。关于该场地重要的发现是重金属会在扩散过程中被土壤逐渐吸附、稀释，并在数月至14.8 年不等的时间内降到 ROD 规定的临时地下水净化标准以下。我国重金属与有机污染复合场地占比超 30%，且是场地治理的难点。该案例启示我们，在传统的土壤淋洗、植物萃取、稳定化等手段之外，还可以通过监测自然衰减对重金属进行管控，其成本将显著低于其他手段。该案例还显示，修复结合风险管控的治理方式在经济上和效果上是可以达到较好的耦合的。

7.1.5　多技术联用

美国宾夕法尼亚州奥斯本垃圾填埋场场地是一个集合了多氯联苯、多环芳烃、金属（包括铅和铬）和几种挥发性有机化合物的复合污染场地。由于地处人烟稀少的区域，因此成本更低的风险管控是比修复（彻底清除）技术更合理的场地治理选择。场地治理的最主要需求是防止污染物进入附近居民的饮用水源。该案例以垂直阻隔为主要技术手段，通过包封场地来切断污染物的传播路径。在阻隔墙内，通过传统的地下水抽出处理技术清理地下水中的污染物，加速污染源头的削减。阻隔区域内进行了植被覆盖，提升了区域生态功能的恢复。管控措施施工完成后，通过制度控制进一步确保各项措施的有效长期运行。对于目前污染物基本达标的湿地区域，使用监测自然衰减技术进行风险管控，确保污染物浓度在标准范围内。最后，通过长期监测和五年审查对场地的长期运行状态进行追踪和评估。

7.2　问题与局限

7.2.1　固化/稳定化技术

综合案例分析及我国固化/稳定化技术现状，该风险管控技术的问题与局限主要包括：a. 传统固化/稳定化材料波特兰水泥的长效性和可持续性存在缺陷；b. 过度修复的问题的普遍存在，即过量使用了材料的掺量造成了经济性和可持续性的降低；c. 缺乏长期效果的精准预测和健全的监测；d. 该技术针对重金属较为有效，对有机污染物治理效果不如重金属。此外，美国得克萨斯州斯坦利军火库场地稳定化管控案例中，运输成本占了总投入的最大比例，如何就地取材减少运输成本是降低固化/稳定化技术成本的关键。

7.2.2 可渗透反应墙技术

综合案例分析及我国 PRB 技术现状，该风险管控技术的问题与局限主要包括：PRB 需要大量的活性反应材料，如何进一步降低材料消耗、提高效率成本是关键；PRB 技术本身并不能对污染源头进行削减，只能有效管控下游地区的安全，而对源头地区的风险无能为力；PRB 材料可能会在反应过程中沉淀、堵塞导致 PRB 失效；PRB 具有设计容量，当活性反应材料消耗完后就不具备管控能力了，需要换填新的材料。

7.2.3 覆盖和阻隔技术

综合案例分析及我国覆盖和阻隔技术现状，该风险管控技术的问题与局限主要包括：覆盖和阻隔出现破裂、裂缝会导致管控失效；该技术非常依赖长期监测以检验系统是否有效运行；对阻隔场地内外地下水位的控制至关重要，需要维持一个面向场地内部的水力梯度，确保污染物不会向外迁移，因此很多情况下需要配合使用地下水抽出技术。

7.2.4 监测自然衰减技术

综合案例分析及我国监测自然衰减技术现状，该风险管控技术的问题与局限主要包括：该技术对源头的快速消减无能为力，且使用前提具有局限性；该技术依赖健全的长期监测；而我国决策者、管理者和公众对该技术了解还不够，很容易误解该技术"什么都没做"，这会对该技术的推行构成阻力。

7.3　风险管控技术发展前景

从欧美国家土壤污染治理过程来看，从追求"彻底清除"的修复技术到修复与风险管控技术相结合的发展是一个必然趋势。我国有艰巨的土壤治理任务和巨大的土壤治理市场，风险管控技术在我国更普及的应用势在必行，未来的发展前景概括如下。

7.3.1　固化/稳定化技术

研发高耐久性、高性价比的钝化材料，探寻利用工农业废弃物为原料或利用就地取材的方式制备钝化功能材料的技术，提高材料对多金属复合污染、重金属有机复合污染的协同治理能力；通过精细的场地调查和精准的材料表征，设计合理的治理方案，避免过度添加钝化材料；研发原位监测传感器，对治理后场地污染物的可迁移性、场地水文地质条件进行实时监测，检验治理的长期有效性；研发精准的人工加速老化模拟方法和长效性预测模型，对固化/稳定化的长期有效性进行模拟评估，并结合已有的长期场地进行实证研究，优化评估模型。

7.3.2　可渗透反应墙技术

研发绿色可持续的反应材料，降低成本，提高效率，研发复合材料提高对不同污染物的协同治理能力；探索反应材料钝化后再活化，以及防止材料堵塞的技术；优化工艺设计，确保 PRB 的长期有效运行。

7.3.3　覆盖与阻隔技术

提高覆盖和阻隔材料抗压、抗开裂的能力，研发延展性强或者具有裂隙自愈合能力的水泥材料，提高覆盖和阻隔系统的耐久性；健全场地监测网络，研发无线原位传感器实现实时监测并提高监测效率；加强场地水文特征等关键因素研究，通过适时的抽出技术，确保阻隔墙内外的水力梯度持平或形成略微面向场地内的水力梯度。

7.3.4　监测自然衰减技术

研发先进传感器，健全场地监测网络；理清重金属迁移规律，探索重金属污染场地实施监测自然衰减技术的可行性；向管理者和公众普及监测自然衰减技术，提高公众对该技术的科学认知，消除片面或负面的消极认识。

7.3.5　多技术联用

风险管控技术并不能立即削减源头污染物的浓度。有时会产生二次污染这不仅会造成源头地区的高风险，而且会加大管控难度。因此，在很多情况下，有必要通过修复技术与风险管控技术的联用，或者多风险管控技术的联用，先对高浓度的源头污染物进行削减，后进行科学合理的管控。多技术联用依赖于精准的场地调查、合理的治理方案设计、高效的技术施工、健全的长期监测，在我国场地修复中具有很大的应用潜力。

附录

中英文缩写对照表

英文简称	英文全称	中文全称
ADR	Alternative Dispute Resolution	替代性纠纷解决
AMSL	Above Mean Sea Level	高于平均海拔
AOC	Administrative Order On Consent	同意执行命令
APPL	Agricultural & Priority Pollutants Laboratory	农业与优先污染物实验室
ASARCO	American Smelting and Refining Company	美国熔炼和精炼公司
BS	Bexar Shale	贝克萨尔页岩
BSR	Bacterial Sulphate Reduction	细菌硫酸盐还原
BTC	Breakthrough Curve	突破曲线
BTEX	Benzene, Toluene, Ethylbenzene and Xylene	苯系物
CAH	Chlorinated Aliphatic Hydrocarbon	氯化脂肪烃
CAMU	Corrective Action Management Unit	修复行动管理
CC	Cow Creek	牛溪
COC	Contaminant of Concern	目标污染物
CRABS	Cement Recxyled Asphalt Base Stabilization	水泥再生沥青基层稳定
CSM	Conceptual Site Model	场地概念模型
CSSA	Camp Stanley Storage Activity	斯坦利军火库
DCM	Dichloromethane	二氯甲烷
DEQ	Department of Environmental Quality	环境质量部门
EO	Ethylene Oxide	环氧乙烷
EPA	Environmental Protection Agency	环保局
EQSs	Environmental Quality Standards	环境质量标准
ESD	Explanation of Significant Difference	显著性差异解释
ESTCP	Environmental Security Technology Certification Program	环境安全技术认证计划
FID	Flame Ionization Detector	火焰离子化检测器
FS	Feasibility Study	可行性研究
GC	Gas Chromatography	气相色谱仪
GC-MS	Gas Chromatography - Mass Spectrometry	气相色谱-质谱
HDPE	High-Density Polyethylene	高密度聚乙烯
IC	Institutional Control	制度控制
ICS	Interim Cover System	临时覆盖系统
IGCL	Interim Groundwater Cleanup Level	临时地下水净化水平
LGR	Lower Glen Rose	下格伦罗斯
LHA	Lifetime Health Advisory	终身健康顾问
LTGM	Long-term Groundwater Monitoring	长期地下水监测
LTRA	Long-term Response Action	长期响应行动

英文简称	英文全称	中文全称
MCL	Maximum Contaminant Level	最大污染水平
MDHES	Montana Department of Health and Environmental Sciences	蒙大拿州健康与环境科学部门
MEK	Methyl ethyl ketone	甲乙酮
MNA	Monitoring Natural Attenuation	监测自然衰减
MPDES	Montana Pollutant Discharge Elimination System	蒙大拿州污染物排放削减系统
MSL	Mean Sea Level	平均海平面
NCC	Northumberland County Council	诺森伯兰郡议会
NCP	National Contingency Plan	国家应急计划
NPL	National Priorities List	国家优控名录
O&M	Operation and Maintenance	运行与维护
ORP	Oxidation Reduction Potential	氧化还原电位
PAH	Polycyclic aromatic hydrocarbon	多环芳烃
PAL	Project Action Limit	项目行动限值
PCB	Polychlorinated Biphenyl	多氯联苯
PCE	Tetrachloroethylene	四氯乙烯
PFA	Pulverised Fuel Ash	粉煤灰
PID	Photoionization detector	光电离检测器
PIMS	Phosphate-Induced Metal Stabilization	磷酸盐诱导的金属稳定化
PPC	Prickly Pear Creek	仙人球溪
PPE	Personal Protestive Equipment	个人防护装备
PQLs	Practical Quantitation Levels	实际定量水平
PRB	Permeable Reactive Barrier	可渗透反应墙
PWPO(PWP)	Pacific Wood Preserving of Oregon	俄勒冈太平洋木材保护局
QAPP	Quality Assurance Project Plan	质量保证项目计划
QC	Quality Control	质量控制
RA	Response Action	响应策略
RCRA	Resource Conservation and Recovery Act	《资源保护与恢复法案》
RFI	Request For Information	信息通报
RI	Remedial Investigation	修复调查
RI/FS	Remedial Investigation/ Feasibility Study	场地调查/可行性研究
ROD	Record of Decision	决策记录
RRD-E	Railroad Ditch-East	东铁路沟
RRD-W	Railroad Ditch-West	西铁路沟
RSL	Regional Screening Level	区域筛查水平

续表

英文简称	英文全称	中文全称
SEM	Scanning Electron Microscope	扫描电镜
SPLP	Synthetic Precipitation Leaching Procedurev	合成沉淀浸出程序
SRB	Sulphate Reducing Bacteria	硫酸盐还原菌
SWTS	Stormwater Treatment System	雨水处理系统
SYR	South Yamhill River	南亚姆希尔河
TCE	Trichloroethylene	三氯乙烯
TCLP	Toxicity Characteristic Leaching Procedure	毒性浸出测试
TDOC	Total Dissolved Organic Carbon	总溶解有机碳
TDS	Total Dissolved Solids	总溶解态固体
TLT	Taylor Lumber and Treatment	泰勒木材处理厂
TMB	Trimethylbenzene	三甲基苯
TNT	Trinitrotoluene	三硝基甲苯
TOC	Total Organic Carbon	总有机碳
TP	Treatment Plant	处理厂区
TPS	Treated Pole Storage	处理后木桩存储区
TSS	Total Suspended Solids	总悬浮固体
U.S EPA	United States Environmental Protection Agency	美国环保署
U.S. BOM	The U.S. Bureau of Mines	美国矿务局
UECA	Unified Environmental Covenant Act	《统一环境公约法》
VOC	Volatile Organic Compound	挥发性有机物
WPS	White Pole Storage	白杆存储区
XRD	X-ray Diffraction	X射线衍射